工业和信息化精品系列教材

Office 办公应用 项目教程

Office 2019 | AIGC 版

微课版

赵龙 徐凤启 高浩楠◎主编

李秋萍 沈延锋 吴顺军◎副主编

人民邮电出版社

北 京

图书在版编目（CIP）数据

Office 办公应用项目教程：Office 2019：AIGC 版：微课版 / 赵龙，徐凤启，高浩楠主编. -- 北京：人民邮电出版社，2025. --（工业和信息化精品系列教材）.
ISBN 978-7-115-65965-1

Ⅰ. TP317.1

中国国家版本馆 CIP 数据核字第 2024UT3947 号

内 容 提 要

本书全面介绍了使用 Office 2019 办公软件中的 Word 2019、Excel 2019 和 PowerPoint 2019 的方法，以及结合多种 AIGC 工具制作办公文档的技巧。全书共 7 个项目，包括 Word 2019 基础操作、Word 2019 进阶操作、Excel 2019 基础操作、Excel 2019 进阶操作、PowerPoint 2019 基础操作、PowerPoint 2019 进阶操作以及使用这三大组件制作综合案例的相关知识。通过完成各个项目包含的所有任务，读者可以全面、深入、透彻地掌握 Office 2019 的 3 个组件的相关操作，并能够更加自如地使用 AIGC 工具辅助办公。

本书可以作为职业院校办公应用类课程的教材，也可供 Office 爱好者学习参考。

◆ 主　　编　赵　龙　徐凤启　高浩楠
　　副 主 编　李秋萍　沈延锋　吴顺军
　　责任编辑　初美呈
　　责任印制　王　郁　焦志炜

◆ 人民邮电出版社出版发行　　北京市丰台区成寿寺路 11 号
　　邮编　100164　电子邮件　315@ptpress.com.cn
　　网址　https://www.ptpress.com.cn
　　大厂回族自治县聚鑫印刷有限责任公司印刷

◆ 开本：787×1092　1/16
　　印张：14　　　　　　　　　　　　2025 年 5 月第 1 版
　　字数：337 千字　　　　　　　　 2025 年 5 月河北第 1 次印刷

定价：49.80 元

读者服务热线：(010)81055256　印装质量热线：(010)81055316
反盗版热线：(010)81055315

前　言

党的二十大报告中指出，"教育、科技、人才是全面建设社会主义现代化国家的基础性、战略性支撑。必须坚持科技是第一生产力、人才是第一资源、创新是第一动力，深入实施科教兴国战略、人才强国战略、创新驱动发展战略，开辟发展新领域新赛道，不断塑造发展新动能新优势。"

创新对推动社会进步、经济发展及提升综合国力具有深远影响。在不同领域，创新都在以前所未有的速度改变着人类的生活。蒸汽机的广泛应用标志着第一次工业革命的开始，电气的广泛应用和内燃机的发明及使用引发了第二次工业革命，信息技术、原子能等技术的出现催生了第三次工业革命，人类自此进入信息时代。当下，以人工智能（Artificial Intelligence，AI）为代表的技术正在催生一场新的工业革命。生成式人工智能（Artificial Intelligence Generated Content，AIGC）作为"排头兵"，已经开始在各行各业崭露头角。在办公领域，我们也可以充分借助这种技术来提高办公效率，制作出更加专业和实用的办公文档。

一、本书的内容

本书使用当下的主流办公软件，通过7个项目全面介绍Word 2019、Excel 2019、PowerPoint 2019和多种AIGC工具的使用方法。主要内容如下。

- 项目一　Word 2019基础操作：此项目包含认识Word 2019、编辑文本——制作盛世中国朗诵稿、美化文档——制作端午节放假通知、图文混排——制作中国传统文化海报共计4个任务，介绍了文档的基本操作、文本的基本操作、字体格式的设置方法、段落格式的设置方法、图形对象的基本操作，以及使用文心一言创作、改写、仿写文本和使用通义万相创作图片等内容。

- 项目二　Word 2019进阶操作：此项目包含长文档编辑——制作职业道德规范文档、审核文档——审核创新创业大赛新闻稿、特殊排版——制作书籍捐赠倡议书、批量制作文档——制作国画展邀请函共计4个任务，介绍长文档的编辑、文档的修订与审核、文档的特殊排版、文档的批量制作，以及使用通义千问创作、解读、润色、缩写、组织文本，和使用Vega AI提升图片画质等内容。

- 项目三　Excel 2019基础操作：此项目包含认识Excel 2019、输入与美化数据——制作图书借阅排名表、编辑数据——制作校运会成绩汇总表共计3个任务，介绍数据的输入、单元格的美化、数据的编辑、工作表的操作，以及使用讯飞星火建立表格框架、根据文件创建表格等内容。

- 项目四　Excel 2019进阶操作：此项目包含计算数据——制作创新大赛成绩统计表、管理数据——制作工厂实习工资表、可视化数据——制作特色农产品销售统计表共计3个任务，介绍数据的计算、数据的管理、数据的可视化，以及使用文心一言统计数据、创建VBA代码、创建图表等内容。

- 项目五　PowerPoint 2019基础操作：此项目包含认识PowerPoint 2019、编辑幻灯片——制作大美江南演示文稿、美化幻灯片——制作创新大赛演示文稿共计3个任务，介绍幻灯片的基本操作、在幻灯片中插入各种对象、设置幻灯片母版、设置演示文稿主题和背景，以及使用通义千问创建大纲、生成大纲等内容。

- 项目六　PowerPoint 2019进阶操作：此项目包含设计动画——制作创业计划书演示文稿、放映幻灯片——制作市场调查演示文稿共计2个任务，介绍切换效果和动画效果的添加、超链接与动作按钮的使用、演示文稿的放映与控制、演示文稿的输出，以及使用Kimi阅读文档生成大纲、添加备注等内容。

- 项目七　综合案例——开展大学社团招新活动：此项目综合应用Word 2019、Excel 2019和PowerPoint 2019三大组件，并结合讯飞星火大模型制作与开展大学社团招新活动相关的各类办公文档。

二、本书的特色

本书的编写具有以下特色。

（1）结构鲜明，内容翔实。每个项目都用任务来带动知识点的学习，将知识点讲解穿插到实际操作中，让学生了解实际工作需求并熟练掌握实操步骤。

（2）讲解深入浅出，实用性强。本书重点突出实用性及可操作性，对重点概念和操作技能进行详细讲解，且内容丰富、深入浅出。

（3）秉持文化育人理念，满足社会对人才培养的要求。本书不仅在内容设计上符合Office软件教学的规律，还在案例类型选择上具有多样化的特征，包括职场办公、大学生活、传统文化等多方面的案例，力求向读者传递更多文化和职场知识。

（4）AI赋能，高效加倍。本书应用目前常见的几种AIGC工具，让学生能够深切体会其在办公中的实际应用，并能掌握AIGC工具的使用方法。

（5）配有视频等丰富的教学资源。本书重点和难点操作的讲解内容均已录制成视频，读者可扫描书中的二维码，随扫随看，移动化学习；也可登录"人邮教育社区"网站，下载配套资源进行系统化学习。

编者
2025年4月

目 录

PART 1

项目一
Word 2019 基础操作

项目导读

在工作、学习和生活的各个领域，我们不可避免地会接触到各种各样的文档，如开展某个项目之前制作的项目计划书、大学生在毕业后寻找工作岗位时投递的个人简历、公司职员在年终总结会上提交的工作报告等。当前，信息技术已全面融入日常工作，电子邮件、文档编辑、即时通信等工具也已成为日常工作不可或缺的一部分，因此，掌握如何利用计算机等各种信息技术设备来提高办公效率，已经成为当代人必须具备的基本技能。

随着人工智能技术的日益成熟，我们不仅要熟练使用各种办公软件，还应当思考如何高效办公，例如，利用各种AIGC工具辅助办公，制作出高质量文档。本项目将从 Word 2019 的基础操作讲起，一步步带领大家掌握其文本编辑、文档美化和图文混排等相关操作，帮助大家初步学习利用AIGC工具辅助文档的制作与编辑的方法。

学习目标

- 熟悉 Word 2019 的操作界面。
- 掌握文档和文本基本操作。
- 掌握字体格式和段落格式的设置方法。
- 掌握在文档中插入和编辑各种图形对象的操作。
- 了解 AIGC 和常见的 AIGC 工具。
- 使用 AIGC 工具制作和编辑文档。

素养目标

- 遵守相关法律法规，确保文档内容符合法律法规的要求。
- 保持积极的学习态度，自觉、主动获取相关知识和信息。
- 了解文档涉及领域的知识与文化背景，准确表达文档内容。

任务一　认识Word 2019

一、任务目标

Word 2019是微软（Microsoft）公司研发的办公软件Office 2019中的文字处理组件，它为用户提供了编辑和共享文档功能，各行各业的办公人员都可以使用Word 2019轻松制作和处理文档。

本任务的目标是掌握启动与退出Word 2019的方法，熟悉Word 2019的操作界面，并能够根据个人操作习惯自定义Word 2019的操作界面，如图1-1所示。

图1-1　自定义Word 2019的操作界面

二、任务技能

（一）启动与退出Word 2019

Word 2019提供了多种启动与退出Word 2019的方法。

1. 启动Word 2019

在计算机中安装Office 2019软件后便可启动Word 2019，启动Word 2019的方法主要有以下3种。

● **通过"开始"菜单启动**：单击"开始"按钮█，弹出"开始"菜单，在其中选择"W"栏下的"Word选项"。

● **通过搜索启动**：单击"搜索"按钮█，在弹出的搜索框中输入"Word"，在搜索框上方的"最佳匹配"栏中选择"Word选项"。

● **打开Word文档启动**：双击已有的Word文档，此时将启动Word 2019并同时打开该文档。

2. 退出Word 2019

完成文档的编辑后，就可以将该文档关闭并退出Word 2019。退出Word 2019的方法非常简单，主要有以下4种。

● 单击Word 2019操作界面右上角的"关闭"按钮✕关闭当前文档，在关闭所有文档后可退出Word 2019。

● 在Word 2019操作界面的标题栏处单击鼠标右键，在弹出的快捷菜单中选择"关闭"选项关闭当前文档，在关闭所有文档后可退出Word 2019。

● 在Word 2019操作界面中按【Alt+F4】组合键可关闭当前文档，在关闭所有文档后可退出Word 2019。

● 将鼠标移至任务栏中的Word 2019图标<u>W</u>上，单击鼠标右键，在弹出的快捷菜单中选择"关闭所有窗口"选项（若只打开了一个Word文档，则该选项将显示为"关闭窗口"），可同时关闭所有文档并退出Word 2019。

（二）认识Word 2019的操作界面

Word 2019的操作界面由"文件"菜单、标题栏、快速访问工具栏、控制按钮、功能区、选项卡、智能搜索框、文档编辑区、状态栏等部分组成，如图1-2所示。

● **"文件"菜单：**"文件"菜单主要用于执行与文档相关的操作，如文档的新建、打开、保存、共享、导出、打印等，也可对Word 2019进行设置，以满足个人需要。

● **标题栏：**标题栏显示的是当前文档的名称和软件的名称，新建空白文档时标题栏默认显示的是"文档1 – Word"。

● **快速访问工具栏：**快速访问工具栏以按钮的形式显示了一些常用选项，如"保存"按钮🖫、"撤消"按钮↩、"重复"按钮↻等。

● **控制按钮：**控制按钮位于操作界面的右上角（标题栏右侧），包括[登录]按钮（用于登录Office账户）、"功能区显示选项"按钮🖿（可对选项卡和功能区进行显示和隐藏操作）、"最小化"按钮▬、"最大化"按钮▢和"关闭"按钮✕。单击"最大化"按钮▢后，该按钮将变成"还原"按钮🗗；单击"还原"按钮🗗后，可以将操作界面还原为最大化之前的大小，该按钮也将还原为"最大化"按钮▢。

图1-2　Word 2019的操作界面

● **选项卡**：选项卡默认包含"开始""插入""设计""布局""引用""邮件""审阅""视图"和"帮助"9个选项卡。单击某个选项卡可切换到该选项卡包含的设置参数界面。

● **功能区**：选项卡包含的设置参数界面就是功能区，功能区进一步将设置参数划分为若干个组，如"插入"选项卡中包含"表格"组、"插图"组等。

● **智能搜索框**：智能搜索框位于选项卡右侧。利用该搜索框可以轻松找到相关操作及其说明。例如，当需要在文档中插入目录时，可单击智能搜索框输入"目录"。此时，智能搜索框将显示与目录相关的选项，根据需要选择相应的选项后便可进行相关操作。

● **文档编辑区**：文档编辑区是输入与编辑文本的区域，对文本进行的各种操作及对应结果都会显示在该区域。新建空白文档后，文档编辑区左上角会显示一个闪烁的光标。该光标便是文本插入点，即文本的输入位置。

● **状态栏**：状态栏位于操作界面最底端，其左侧主要用于显示当前文档的工作状态，包括文档页数、总页数、字数等，右侧则是各种视图模式按钮和调整页面显示比例的滑块等。

　　提示：按住【Ctrl】键，向前滚动鼠标滚轮可增大文档的页面显示比例，向后滚动鼠标滚轮可减小文档的页面显示比例。

（三）自定义Word 2019的操作界面

扫一扫

自定义Word2019
的操作界面

为了更好地操作Word 2019，提高文档的编辑效率，用户可以根据个人操作习惯对Word 2019 的操作界面进行设置，如自定义快速访问工具栏、自定义功能区、自定义文档编辑区等。

1. 自定义快速访问工具栏

为了操作方便，用户可在快速访问工具栏中显示常用的按钮或隐藏不需要的按钮，也可调整快速访问工具栏的位置。

● **显示按钮**：在快速访问工具栏右侧单击"自定义快速访问工具栏"按钮■，在弹出的下拉列表中选择需要显示的按钮选项，使其左侧出现"√"标记，便可将该按钮添加到快速访问工具栏中。

● **隐藏按钮**：将鼠标移至在快速访问工具栏中已有的某个按钮上，单击鼠标右键，在弹出的快捷菜单中选择"从快速访问工具栏删除"选项，便可将该按钮隐藏起来。

● **调整快速访问工具栏的位置**：在快速访问工具栏右侧单击"自定义快速访问工具栏"按钮 ，在弹出的下拉列表中选择"在功能区下方显示"选项，便可将访问工具栏快速移至功能区下方；再次单击"自定义快速访问工具栏"自定义按钮 ，在弹出的下拉列表中选择"在功能区上方显示"选项，则可重新将快速访问工具栏还原到默认位置。

2. 自定义功能区

在功能区上单击鼠标右键，在弹出的快捷菜单中选择"自定义功能区"选项，可在打开的"Word选项"对话框中根据需要显示或隐藏相应的选项卡、创建新的选项卡、在选项卡中创建组和命令等。

● **显示或隐藏选项卡**：在"自定义功能区"下拉列表框中选择"主选项卡"选项，在下方的"主选项卡"列表框中单击选中或取消选中相应的复选框，可在功能区中显示或隐藏相应的主选项卡。

● **创建新的选项卡**：在"主选项卡"列表框下方单击 新建选项卡(W) 按钮，此时"主选项卡"列表框中将创建"新建选项卡（自定义）"复选框，选择该选项卡选项，再单击 重命名(M)... 按钮，可以在打开的对话框中对新建的选项卡进行重命名操作。

● **在功能区中创建组**：在"主选项卡"列表框中选择某个选项卡选项，单击 新建组(N) 按钮。此时，该选项卡下将创建一个新组。选择创建的组，单击 重命名(M)... 按钮，可在打开的对话框中对新建的组进行重命名和设置图标等操作。

● **在组中添加命令**：在"主选项卡"列表框中选择某个选项卡下的某个组选项，在"从下列位置选择命令"下拉列表框中选择需要添加的命令，然后单击 添加(A) >> 按钮，可将所选命令添加到组中。

3. 自定义文档编辑区

Word 2019的文档编辑区中包含多个元素，如标尺、网格线、导航窗格、滚动条等，用户在编辑文档时，可以根据需要隐藏或显示相应的元素。

● 单击选中或取消选中【视图】/【显示】中标尺、网格线和导航窗格对应的复选框，可在文档编辑区中显示或隐藏相应的元素。

● 打开"Word 选项"对话框，在左侧列表框中选择"高级"选项，在右侧的"显示"栏中单击选中或取消选中"显示水平滚动条""显示垂直滚动条"或"在页面视图中显示垂直标尺"复选框，可在文档编辑区中显示或隐藏相应的元素。

> 提示：【视图】/【显示】表示在"视图"选项卡中的"显示"组。本书中均采用【】/【】的形式来简化讲解文字。

三、任务实施

下面将通过搜索的方式启动Word 2019，然后新建空白文档，再依次自定义快速访问工具栏和功能区，具体操作如下。

1 单击"搜索"按钮 🔍，在弹出的搜索框中输入"Word"，在搜索框上方的"最佳匹配"栏中选择"Word选项"，启动Word 2019。然后在"新建"界面选择"空白文档"选项，如图1-3所示。

2 在快速访问工具栏右侧单击"自定义快速访问工具栏"按钮 ▾，在弹出的下拉列表中选择"打印预览和打印"选项，将该按钮添加到快速访问工具栏中，如图1-4所示。

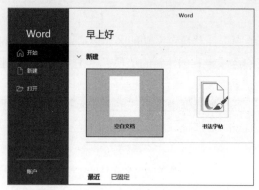

图1-3 启动Word 2019并新建空白文档

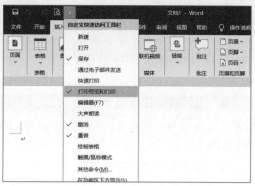

图1-4 添加"打印预览和打印"按钮

3 在功能区的空白区域上单击鼠标右键，在弹出的快捷菜单中选择"自定义功能区"命令，打开"Word选项"对话框，在"主选项卡"列表框中选中"绘图"选项卡复选框。然后单击 确定 按钮，如图1-5所示。此时，"绘画"选项卡将显示在Word操作界面的选项卡中。

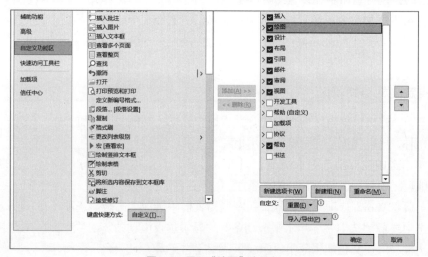

图1-5 显示"绘图"选项卡

任务二 编辑文本——制作盛世中国朗诵稿

一、任务目标

朗诵稿通常是一篇构思精巧、表达流畅、具有感染力的文稿。从结构上看，朗诵稿包含开场白、正文和结尾3个部分。其中，开场白用于介绍自己和朗诵的作品，引起观众的兴趣，同时可以交代朗诵稿的大致内容和背景等；正文可以是诗歌、散文或其他文学作品；结尾是对正文内容进行简短的评价或表达个人感悟等。优秀的朗诵稿通常具有感染力和表现力，能够引起观众共鸣，表达出作者的思想和情感。朗诵稿所使用的语言应当优美、流畅，富有节奏感，便于朗诵者朗诵和传递情感。

本任务将制作一篇主题为“盛世中国”的朗诵稿，其内容主要通过文心一言生成，然后使用Word 2019对内容进行适当编辑，参考效果如图1-6所示。通过本任务，用户可以掌握AIGC工具的基本使用方法，并学会在Word 2019中编辑文档与文本的各种操作。

盛世中国
在这辽阔的东方大地上，一个古老而年轻的国度正以其独特的魅力吸引着世界的目光。这就是我们的祖国，一个充满生机与活力的盛世中国。
回望过去，我们不禁为中国的经济奇迹而惊叹。从改革开放的伟大决策，到成为世界第二大经济体，中国正以惊人的速度快速崛起。高楼大厦拔地而起、城市面貌日新月异、人民生活水平显著提高，如今的中国已经实现了从站起来、富起来到强起来的伟大飞跃。
在科技创新的浪潮中，中国更是勇立潮头。从神舟飞船遨游太空，到“蛟龙号”深潜海底；从“中国天眼”望远镜探寻宇宙奥秘，到复兴号动车组驰骋神州大地。中国的科技创新成果层出不穷，让世界瞩目。这些成就的背后是无数科技工作者的辛勤付出和不懈努力，他们用智慧和汗水书写着新时代的辉煌篇章。
我们拥有五千年的文明史，底蕴深厚、博大精深。在传承中华优秀传统文化的同时，我们也要积极吸收世界优秀文化成果，推动中华文化走向世界。如今的中国已经成为世界文化的重要组成部分，我们在文学、艺术、电影、音乐等各个领域都取得了举世瞩目的成就，为世界文化的多样性做出了重要贡献。
在国际舞台上，中国的声音越来越响亮。我们积极参与全球治理体系的改革和建设；我们倡导构建人类命运共同体，积极推动构建新型国际关系。中国的发展离不开世界，世界的发展也需要中国。中国已经成为维护世界和平、促进共同发展的重要力量。
盛世中国，是无数中国人民用奋斗和拼搏铸就而成的。我们有着不屈不挠的奋斗精神，有着团结一心的伟大力量。我们深知，只有不断奋斗，才能实现中华民族的伟大复兴；我们坚信，只要我们齐心协力、砥砺前行，未来的中国必将更加繁荣昌盛。
展望未来，我们满怀信心。我们将继续深化改革、扩大开放，推动国家经济高质量发展；我们将加强科技创新、培养人才，为国家的繁荣富强提供有力支撑；我们将弘扬中华文化、推动文化交流互鉴，为世界文化的繁荣发展作出贡献；我们将积极参与全球治理、推动构建人类命运共同体，为世界的和平与发展贡献中国智慧和中国力量。
让我们共同期待一个更加美好的明天！让我们携手并进、共创辉煌！因为我们是盛世中国的儿女，我们是中华民族的骄傲！

图1-6　盛世中国朗诵稿参考效果

配套资源

素材文件：项目一\任务二\盛世中国.txt。

效果文件：项目一\任务二\盛世中国.docx。

二、任务技能

（一）认识AIGC及常见的AIGC工具

AIGC在新闻、广告、娱乐、电商、教育等多个领域展现出巨大的潜力和价值。例如，新闻机构利用AIGC快速生成新闻报道摘要；广告行业通过AIGC创造个性化营销内容；娱乐行业借助AIGC生成创意视频等。随着技术的不断成熟，AIGC的普及程度也在不断提高。

1. AIGC的概念

AIGC是"Artificial Intelligence Generated Content"的缩写，意为"人工智能生成内容"，常称为"生成式人工智能"，指的是由训练好的AI模型根据需求自动生成各种数字化内容，如文字、图片、声音、视频等。例如，在文生图（输入文字生成图片）网站中，输入"山水画中的万里长城"，并执行生成操作后，AI就可以智能生成多幅图片，如图1-7所示。

图1-7 根据文字内容智能生成的图片

2. 常用的AIGC提问技巧

大多数AIGC工具都是通过问答的方式来获取信息的，即通过向AI提出需求，使其生成需要的内容，因此，提出需求的详细程度决定着AI生成内容的质量。以下是一些常用的AIGC提问技巧。

● **明确问题**：提问应尽可能具体和明确，避免模糊或开放式问题。例如，"可以告诉我混合动力汽车的工作原理吗？"显然比"告诉我一些关于汽车的工作原理"更加具体。

● **避免歧义**：使用清晰和直接的提问，尽量减少使用可能导致歧义的词汇或表达方式，这样有助于AI更准确地理解问题。各种含糊不清的词语、具有多种含义的词语等都有可能产生歧义，提问时需要注意将问题表述清楚。例如，在提出一些涉及同名的人、小说、音乐、影视作品等问题时就需要表述清楚，避免AI以为询问的是其他内容。

● **注意逻辑性**：如果问题涉及多个部分或需要按步骤解答，则可以将问题分解成几个小问题，并按照逻辑顺序逐一提问。例如，提问"为什么天空是蓝色的，什么是光年？"这个问题实际上可以拆分为两个问题，分别是"为什么天空是蓝色的？"和"什么是光年？"

● **使用关键词**：在提问时使用合适的关键词可以帮助AI快速识别问题的核心，并提供相关信息。例如，错误的提问为"我想了解那种可以远程控制飞行的东西，通常用于拍摄高空照片"，正确的提问为"什么是无人机摄影，它是如何工作的？"在正确的提问方式中使用"无人机摄影"这个关键词，可以使AI能够快速理解用户想要了解的是关于无人机在摄影中的应用和工作原理。

● **限制范围**：在提问时为问题设定一个特定范围，如时间范围、地理范围等，有助于提高AI回复信息的针对性。例如，"20世纪有哪些重要的科技发明？"与"历史上有哪些重要的发明？"这两种提问方式相比，前者限制了时间范围，得到的信息也就更有针对性。

● **使用正确的语言和术语**：如果了解一些术语，则在提问时就可以对其使用，这有助于AI更准确地理解问题，提供更专业的信息。例如，"我想了解心脏跳动的过程是怎么样的。"

得到的信息就没有"心脏的起搏机制是什么？"得到的信息专业。

● **避免主观性**：提问时尽量使用客观的语言，避免包含个人情感或主观判断，这样可以帮助AI更客观地提供信息。例如，"这部电影是不是很无聊？"这种提问方式具有主观性，正确的提问方式应该是"这部电影的评价如何？"

● **逐步深入**：如果问题较为复杂，则可以先从简单的问题开始，然后逐步深入。这样可以使用AI更全面地了解问题。例如，初步提问可以是"什么是神经网络？"然后进一步提问"神经网络中的反向传播算法是如何工作的？"

● **反馈和修正**：如果得到的信息不符合预期，则可以根据得到的信息对问题进行修正并重新提问，这样可以使AI更清楚用户想要得到的信息。例如，提问"世界上最快的动物是什么？"AI回答"在空中，最快的动物是游隼，其速度可以达到每小时389公里。"如果信息不符合要求，可以马上修正问题并重新提问"对不起，我指的是陆地上的动物。"此时AI将更加清楚用户的需求，从而回答"陆地上最快的动物是猎豹，其短距离冲刺时速可达每小时115公里。"

3. 常用的AIGC工具

AIGC工具指的是能够基于用户输入的文字生成所需内容的人工智能系统，这些内容可以是文字、图片、音乐、视频等。目前已经有许多好用的AIGC工具，例如文心一言、通义千问、讯飞星火等。

● **文心一言**：文心一言是百度公司推出的智能写作辅助工具，它是基于百度强大的AI技术和海量数据资源开发的，具有深厚的中文语言理解能力和生成能力，能够生成多种类型的文本内容，如新闻报道、故事、诗歌等，且可以模拟不同的写作风格。文心一言的优势在于它与百度搜索引擎和其他服务的紧密集成，可以为用户提供更加丰富的内容和信息。

● **通义千问**：通义千问是阿里云推出的大模型产品，能够处理大量的用户交互信息，支持多语言、多模态的知识理解，并且能够通过API和外部进行互联。通义千问的优势在于拥有高效的大规模数据处理能力，且与阿里巴巴的商业生态紧密结合，能够提供更加精准的商业分析和推荐。

● **讯飞星火**：讯飞星火是由科大讯飞公司开发的AIGC工具，集成了语音识别、语音合成、自然语言处理等多项功能。讯飞星火在教育培训、健康医疗等领域有着广泛的应用，能够提供语音和文本交互的全方位解决方案。讯飞星火的优势在于拥有多场景应用能力，能够满足不同行业和不同用户的需求。

> 提示：本书主要使用文心一言、通义千问和讯飞星火这3个AIGC工具来完成办公文档的制作与编辑，使用通义万相、Vega AI等工具来生成和处理图片，使用一镜留影PLUS来生成视频等。用户也可以尝试使用如智谱清言、豆包、ChatGPT等AIGC工具来完成本书的任务。

（二）文档的基本操作

文档的操作虽然基础，但是必要的。无论是新建、保存、打开、关闭文档，还是保护、打印文档，在制作与编辑文档的过程中都有可能涉及，这些都是需要掌握的重要操作。

1. 新建文档

新建文档，这里指的是创建一个新的空白文档，方法主要有以下3种。

● **通过"新建"选项新建**：单击"文件"菜单，选择"新建"选项，打开"新建"界面，在其中选择"空白文档"。

● **通过快速访问工具栏新建**：单击快速访问工具栏右侧的"自定义快速访问工具栏"按钮 ，在弹出的下拉列表中选择"新建"选项，将"新建"按钮 固定在快速访问工具栏中，然后通过单击该按钮新建文档。

● **通过组合键新建**：在Word 2019操作界面中按【Ctrl+N】组合键快速新建文档。

提示：单击"文件"菜单，选择"新建"选项，打开"新建"界面，在其中选择一种模板样式；或在搜索框中输入与所需模板相关的关键字，然后按【Enter】键，在搜索结果中选择合适的模板样式，打开相应的对话框，单击"创建"按钮 便可创建带有固定样式的文档，如图1-8所示。

图1-8　根据模板创建文档

2. 打开文档

在Word 2019操作界面中单击"文件"菜单，选择"打开"选项，或按【Ctrl+O】组合键，打开"打开"界面，该界面提供了"最近""OneDrive""这台电脑""添加位置"和"浏览"，共计5种文档打开方式。若选择"最近"选项，则显示的是最近打开过的Word文档，单击某个文档即可快速将其打开。若选择"浏览"选项，则将弹出"打开"对话框，在左侧的导航窗格中选择需要打开文档的保存位置，在右侧显示的列表框中选中需要打开的文档，然后单击 打开(O) 按钮，便可打开该文档。

3. 保存文档

在完成文档的编辑工作后，应立即保存，避免重要信息丢失，也方便下一次查阅和修改。

一般来讲，保存文档的方式可分为保存已存在的文档、另存为文档和自动保存文档，共3种方式。

● **保存已存在的文档**：已存在的文档是指已经保存过的文档。对这类文档进行修改后，单击"文件"菜单，选择"保存"选项，或单击快速访问工具栏中的"保存"按钮🖫，或按【Ctrl+S】组合键，将直接覆盖原有文档进行保存操作，不会打开任何对话框。

● **另存为文档**：如果需要对已保存的文档进行备份，就需要执行另存为操作。单击"文件"菜单，选择"另存为"选项，打开"另存为"界面，选择"浏览"选项，打开"另存为"对话框，在左侧的导航窗格中选择文档的保存路径，在"文件名"下拉列表中选择或输入文档的保存名称，完成后单击 保存(S) 按钮。

● **自动保存文档**：为了避免操作失误或意外断电导致文档无法修复的情况发生，用户可设置文档自动保存功能，如图1-9所示。自动保存文档的方法：单击"文件"菜单，选择"选项"选项，打开"Word 选项"对话框，在左侧列表框中选择"保存"选项，在右侧的"保存文档"栏中选中"保存自动恢复信息时间间隔"复选框，并在右侧的数值框中设置时间间隔。

图1-9　设置自动保存文档

> 提示：对于新建且未保存过的文档而言，按照保存已存在文档的方法进行操作后，将打开"另存为"对话框。在"另存为"对话框中设置好文档的保存位置和保存名称后，单击 保存(S) 按钮即可保存该文档。

4. 关闭文档

关闭文档是指在不退出Word 2019的前提下关闭编辑完的文档。关闭文档的方法：单击"文件"菜单，选择"关闭"选项，或按【Ctrl+W】组合键。

5. 保护文档

为了防止文档中的重要信息被泄露，用户可对文档进行加密保护。加密文档后，再次打开该文档时会要求输入密码，只有输入正确的密码才能打开该文档。保护文档的方法：选择"信息"选项，打开"信息"界面，单击"保护文档"按钮🛡️，在弹出的下拉列表中选择"用密码进行加密"选项，将打开"加密文档"对话框。在其中输入密码后，单击 确定 按钮，将打开"确认密码"对话框，再次输入密码并单击 确定 按钮，如图1-10所示。此时，针对该文档的加密操作已完成。

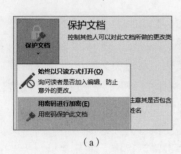
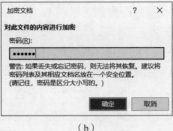
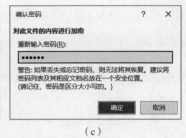

（a）　　　　　　　　　　（b）　　　　　　　　　　（c）

图1-10　输入并确认密码

6. 打印文档

打印文档是指将完成编辑的电子文档打印到纸张上。打印文档的方法：选择"打印"选项，打开"打印"界面，界面右侧为文档打印后的效果预览。预览无误后，在"份数"数值框中设置打印份数，在"打印机"下拉列表中选择连接到计算机上的打印机，在"设置"栏中设置打印方向、打印纸张的大小、单面打印或双面打印、打印顺序及打印页数等参数，如图1-11所示，设置完成后单击"打印"按钮 🖶。

图1-11　文档的预览与打印设置界面

（三）文本的基本操作

编辑Word文档时，文本是主要的操作对象，因此，掌握输入文本、选择文本、移动文本、复制文本、删除文本、查找与替换文本等各种文本的基本操作方法是至关重要的。

1. 输入文本

新建或打开Word文档后，文档编辑区会自动出现文本插入点，此时便可输入需要的文本内容。当文本满一行时，后面的文本会自动输入到第二行。按【Enter】键可强制换行分段，此时，插入点也将自动跳转到下一个段落处。

另外，运用Word 2019的"即点即输"功能可以在文档的任意位置输入文本。将鼠标指针移至文档中需要输入文本的位置，当其变成 I⁼ 形状时，双击鼠标即可在当前位置定位文本插入点，输入的文本将以左对齐方式显示；将鼠标指针移至文档中间，当其变成 ⁼I⁼ 形状时，双击鼠标可在当前位置定位文本插入点，输入的文本将以居中对齐的方式显示；将鼠标指针移至文档右侧，当其变成 ᵃI 形状时，双击鼠标可在当前位置定位文本插入点，输入的文本将以右对齐的方式显示。

2. 选择文本

编辑文档时，若需对文档中的部分内容执行修改、复制或删除等操作，首先必须选定需要编辑的文本。在 Word 2019 中，选择文本主要包括以下 4 种方法。

● **选择任意文本**：将鼠标指针移至需要选择的文本的起始位置，按住鼠标左键并拖曳至结束位置，然后释放鼠标，即可完成文本的选择。此时，选中的部分呈灰底黑字样式。

● **选择一行文本**：将鼠标指针移至该行左侧的空白位置，当鼠标指针变为 ⏴ 形状时，单击鼠标即可快速选择一行文本。

● **选择一段文本**：将鼠标指针移至该行左侧的空白位置，当指针变为 ⏴ 形状时，双击鼠标即可快速选择一段文本。另外，也可在该段文本中的任意位置三击鼠标来选择整段文本。

● **选择所有文本**：将鼠标指针移至该行左侧的空白位置，当鼠标指针变为 ⏴ 形状时，三击鼠标可快速选择文档中的所有文本。另外，也可按【Ctrl+A】组合键选择文档中的所有文本。

3. 移动文本

若要在文档中调整已有文本的位置，可通过移动文本的操作来快速实现。移动文本主要有以下 4 种方法。

● **通过按钮移动**：选择需要调整位置的文本，单击【开始】/【剪贴板】中的"剪切"按钮 ✂，将文本插入点定位至目标位置，再单击该组中的"粘贴"按钮 📋。

● **通过快捷菜单移动**：选择需要调整位置的文本，在其上单击鼠标右键，在弹出的快捷菜单中选择"剪切"选项。然后在目标位置单击鼠标右键，在弹出的快捷菜单中单击"粘贴选项"选项下的"保留源格式"按钮 📋。

● **通过快捷键移动**：选择需要调整位置的文本，按【Ctrl+X】组合键剪切文本，将文本插入点定位至目标位置后，再按【Ctrl+V】组合键粘贴文本。

● **通过鼠标移动**：选择需要调整位置的文本，按住鼠标左键不放，将鼠标指针拖曳至目标位置后松开即可。

4. 复制文本

若要在文档中输入已有的文本，特别是某些较长且完全相同的文本时，可以通过复制的方法提高文本编辑效率。复制文本的方法主要有以下 4 种。

● **通过按钮复制**：选择需要复制的文本，单击【开始】/【剪贴板】中的"复制"按钮 📄，将文本插入点定位至目标位置，再单击该组中的"粘贴"按钮 📋。

● **通过快捷菜单复制**：选择需要复制的文本，在其上单击鼠标右键，在弹出的快捷菜单中选择"复制"选项，然后在目标位置单击鼠标右键，在弹出的快捷菜单中单击"粘贴选项"选项下的"保留源格式"按钮 📋。

● **通过快捷键复制**：选择需要复制的文本，按【Ctrl+C】组合键复制文本，将文本插入点定位至目标位置后，再按【Ctrl+V】组合键粘贴文本。

● **通过鼠标复制：**选择需要复制的文本，在按住【Ctrl】键的同时按住鼠标左键不放，将该文本拖曳至目标位置后松开鼠标左键。

 提示：无论是移动文本还是复制文本，各种操作方法都是可以综合使用的。例如，通过快捷菜单执行复制操作后，再通过快捷键来执行粘贴操作。

5. 删除文本

将文本插入点定位至目标位置，按【BackSpace】键可删除文本插入点左侧的一个字符，按【Delete】键可删除文本插入点右侧的一个字符。若需要删除连续的一段文本，则要先将其选中，然后再按【BackSpace】键或【Delete】键将其删除。

6. 查找与替换文本

"查找与替换"功能适合文档中同时出现多个相同的错误时使用。例如，一个文档中出现了28次"审察"，经检查发现应该将其修改为"审查"。若逐个修改，工作量较大，且容易遗漏，此时利用"查找与替换"功能就可以轻松修改全部错误。查找与替换文本的方法：单击【开始】/【编辑】中的"替换"按钮，或按【Ctrl+H】组合键，打开"查找和替换"对话框，如图1-12所示，在"替换"选项卡中的"查找内容"下拉列表框中输入"审察"，在"替换为"下拉列表框中输入"审查"，单击 全部替换(A) 按钮。此时，Word 2019将自动搜索全文并完成替换。在自动弹出的提示对话框中将显示替换次数，然后单击 确定(O) 按钮。

图1-12 查找与替换文本

三、任务实施

（一）新建并保存文档

首先启动Word 2019并新建空白文档，然后将该文档以"盛世中国"为名保存到计算机桌面上，具体操作如下。

扫一扫
新建并保存文档

1 利用"开始"菜单启动Word 2019，然后在Word 2019的"开始"界面中选择"空白文档"选项，如图1-13所示。

2 完成空白文档的新建操作后，在Word 2019的操作界面中按【Ctrl+S】组合键，打开"另存为"界面，选择"浏览"选项，如图1-14所示。

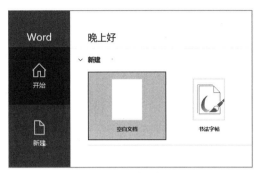

图1-13 新建空白文档

图1-14 保存文档

3 打开"另存为"对话框，在"文件名"下拉列表框中输入"盛世中国"，在左侧的导航窗格中选择"桌面"选项，然后单击 保存(S) 按钮，如图1-15所示。

图1-15 设置文档保存名称和保存位置

（二）使用文心一言创作朗诵稿

即使对朗诵稿的结构和内容一无所知，使用文心一言，通过一步步提问，也能得到高质量的内容。下面将使用文心一言创作"盛世中国"朗诵稿，具体操作如下。

扫一扫

使用文心一言创作朗诵稿

1 登录文心一言官方网站，在页面下方的文本框中输入"请问什么是朗诵稿？"然后单击右下角的"发送"按钮 或直接按【Enter】键，初步了解朗诵稿的信息，如图1-16所示。

图1-16 询问朗诵稿的信息

2 文心一言将根据提问的内容快速返回相应信息，这里返回的是朗诵稿的基本概念和特点。通过阅读这些内容，就能对朗诵稿有进一步了解，如图1-17所示。

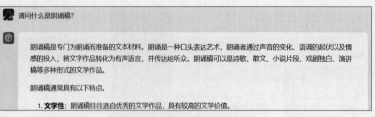

图1-17　了解朗诵稿的基本信息

3 了解了朗诵稿的基本信息后，可以进一步了解其内容和要求，因此，可以继续提问"标准的朗诵稿有哪些内容和要求？"如图1-18所示。

图1-18　询问朗诵稿的内容和要求

4 文心一言将给出朗诵稿的内容和要求等信息，如图1-19所示。了解这些信息后，向文心一言提问如何创作朗诵稿时会更有针对性。

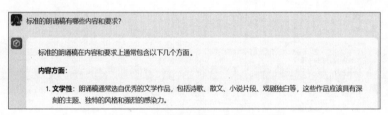

图1-19　了解朗诵稿的内容与相关要求

5 如果仍然不知该如何向文心一言提问"如何更有针对性地创作朗诵稿"，则可直接向文心一言提问，如"如何向AI提问，使其创作出一篇优秀的关于当代盛世中国的朗诵稿？"如图1-20所示。

图1-20　询问如何提问

6 文心一言给出的回答，包括明确朗诵稿的主题和风格、描述问题、要求风格、规定结构等提问的方法。此时，可以详细阅读这些内容，为后续提问做好准备，如图1-21所示。

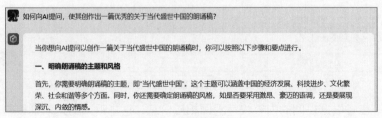

图1-21　了解提问的方法

7 根据了解的情况和具体需求，按照文心一言的建议向其提问，使其创作一篇朗诵稿，并给出详细要求，如图1-22所示。

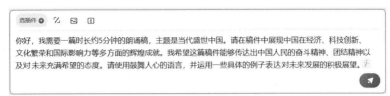

图1-22 请求文心一言创建朗诵稿

> 🔊 提示：如果对"盛世"这个概念不太了解，则可以在创作朗诵稿之前询问文心一言"盛世"的特点。这样在利用文心一言创作朗诵稿时能够提出更加具体的需求。

8 查看创作的朗诵稿内容，若符合需求，则拖曳鼠标选择所有文本，在其上单击鼠标右键，在弹出的快捷菜单中选择"复制"选项，对文本进行复制，如图1-23所示。

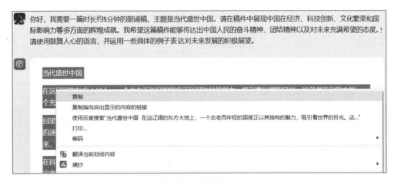

图1-23 复制文本

9 切换到"盛世中国.docx"文档的操作界面，按【Ctrl+V】组合键粘贴文本，如图1-24所示（为了避免操作与书稿中的描述不一致，这里将本次生成的朗诵稿内容保存到"盛世中国.txt"文本文件中，可在配套资源中打开该文件，将其中的内容复制到Word文档中进行相关操作）。

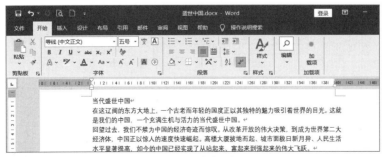

图1-24 粘贴文本

（三）替换文本

下面将在创作的朗诵稿基础上对文本内容进行适当编辑。首先需要将"当代盛世中国"替换为"盛世中国"，快速清除掉"当代"一词，具体操作如下。

1 在"盛世中国.docx"文档的操作界面中，单击【开始】/【编辑】中的"替换"按钮 ，如图1-25所示。

2 打开"查找和替换"对话框，如图1-26所示，在"替换"选项卡中的"查找内容"下拉列表框中输入"当代盛世中国"，在"替换为"下拉列表框中输入"盛世中国"，然后单击 全部替换(A) 按钮。

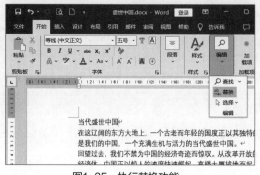

图1-25 执行替换功能

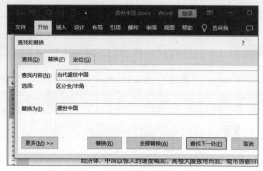

图1-26 设置替换内容

3 在将弹出提示对话框后，单击 确定(O) 按钮，如图1-27所示。

4 在"查找和替换"对话框中单击 关闭 按钮关闭对话框，完成替换操作，如图1-28所示。

图1-27 替换成功

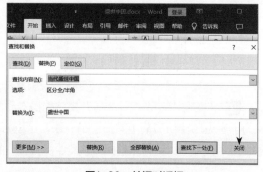

图1-28 关闭对话框

提示：这里的目的是删除"盛世中国"前面的"当代"一词。如果直接将查找内容设置为"当代"，替换内容设置为空，虽然同样可以删除"当代"一词，但如果文档中存在独立的"当代"词语，那么同样也会被删除。因此，在查找与替换文本时一定要考虑需要替换的内容以及不应该被替换的内容分别是什么，这样才能执行正确的查找与替换操作，避免错误的发生。

（四）修改与优化文本

接下来将对朗诵稿中的文本进行适当修改，包括调整不合适的词语、删除多余的句子、复制词语等，然后利用文心一言对文本进行优化总结，具体操作如下。

1 在"盛世中国.docx"文档的操作界面中拖曳鼠标，选择第三行中的第一个文本"中国"，如图1-29所示。

2 输入"祖国"，所选文本将直接被输入的内容代替，如图1-30所示。如果习惯使用先删除后输入的方式修改文本，则可在选择文本后按【Delete】键删除文本，然后在当前文本插入点输入新的文本内容。

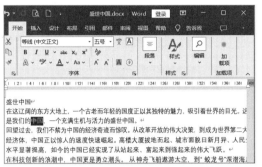

图1-29　选择文本"中国"

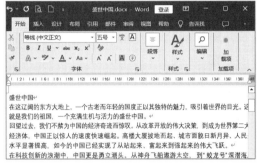

图1-30　修改为"祖国"

3 拖曳鼠标选择第十一行中的第一句文本，包括文本后的"。"，如图1-31所示。

4 按【Delete】键删除所选内容，如图1-32所示。

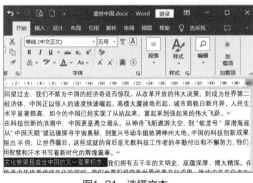

图1-31　选择文本

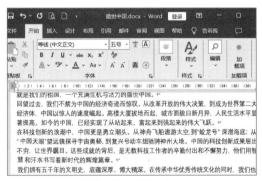

图1-32　删除文本

5 拖曳鼠标，选择当前文本插入点所在段落最后一行中的"作出"文本，如图1-33所示。

6 输入"做出"，如图1-34所示。

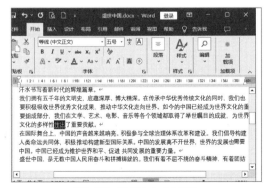

图1-33　选择文本"作出"

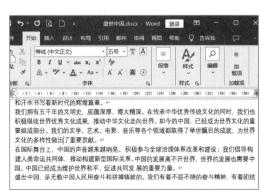

图1-34　修改为"做出"

7 拖曳鼠标选择修改后的"做出"文本，按【Ctrl+C】组合键复制，如图1-35所示。

8 拖曳鼠标选择倒数第四行中的"作出"文本，按【Ctrl+V】组合键粘贴，如图1-36所示。

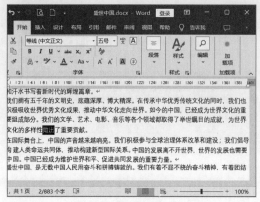

图1-35 复制文本"做出"　　　　　　　　　　图1-36 粘贴文本

9 接下来优化文本内容。选择除第一段和最后一段文本段落以外的所有文本段落，按
【Ctrl+C】组合键复制，切换到文心一言官方网站，在页面下方的文本框中输入"根据以下
原文生成四句七言绝句，然后优化内容，生成一段总结性文本。"按【Shift+Enter】组合键换
行，输入"原文如下："，继续换行，按【Ctrl+V】组合键粘贴复制的Word文本，然后单击右
下角的"发送"按钮 ⚫ 或直接按【Enter】键，如图1-37所示。

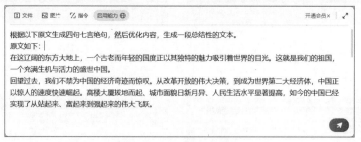

图1-37 输入并发送需求

10 文心一言将根据需求返回所需的内容，确认无误后单击右下角的"复制内容"按
钮 ⬜，如图1-38所示。

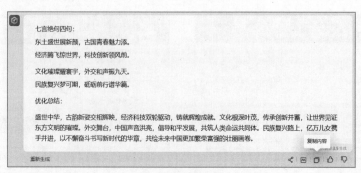

图1-38 粘贴文本

11 切换到"盛世中国.docx"文档中，选择最后一段文本段落，在【开始】/【剪贴板】

中单击"粘贴"按钮 📋 下方的下拉按钮，在弹出的下拉列表中单击"只保留文本"按钮 📄A，如图1-39所示。

🔢 将多余的文本（如"七言绝句四句："等）和空白段落删除，将得到优化后的文档，如图1-40所示。

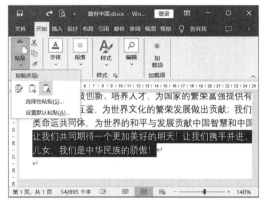

图1-39 粘贴文本

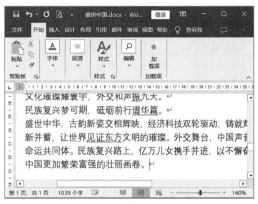

图1-40 删除多余文本

（五）保护与打印文档

为了防止朗诵稿的电子文档被他人修改，可以通过加密的方式对文档进行保护设置，然后再将文档打印出来供朗诵者使用，具体操作如下。

1️⃣ 在"盛世中国.docx"文档的操作界面中打开"文件"菜单，选择"信息"选项，打开"信息"界面，单击"保护文档"按钮 🔒，在弹出的下拉列表中选择"用密码进行加密"选项，如图1-41所示。

2️⃣ 弹出"加密文档"对话框，在其中输入密码，如"141516"，然后单击 确定 按钮，如图1-42所示。

图1-41 加密文档

图1-42 输入密码

3️⃣ 弹出"确认密码"对话框，输入相同的密码后，单击 确定 按钮，如图1-43所示。

4️⃣ 在当前界面左侧的列表框中选择"打印"选项，打开"打印"界面，在"份数"数值框中输入"1"，在"打印机"下拉列表框中选择连接到计算机上的打印机，然后默认"设置"栏中的参数，最后单击"打印"按钮 🖨 打印文档，如图1-44所示。

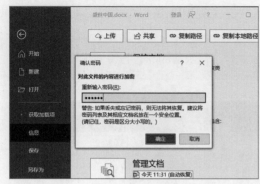

图1-43　确认密码

图1-44　打印文档

任务三　美化文档——制作端午节放假通知

一、任务目标

制作节假日放假通知是企业日常办公中常见的操作之一，好的节假日放假通知不仅能体现企业文化和人文关怀，还能让员工体会到归属感和认同感。因此，制作节假日放假通知是企业不能忽视的环节。

本任务的目标是借助文心一言和Word 2019制作出一篇美观的端午节放假通知，参考效果如图1-45所示。本任务将重点讲解设置字体格式、段落格式，使用AIGC工具改写文本等知识。

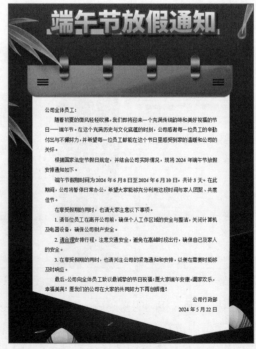

图1-45　端午节放假通知参考效果

配套资源

素材文件：项目一\任务三\放假通知.docx、放假通知.txt、AI改写后的通知.docx。

效果文件：项目一\任务三\放假通知.docx。

二、任务技能

（一）字体格式的设置方法

设置字体格式包括设置文本的字体、字号、颜色等参数，通过这些参数设置，可以使文本效果更突出，使文档更美观。设置字体格式主要可以通过以下3种方法完成。

1. 通过浮动工具栏设置

选择一段文本后，所选文本的右上方会自动显示一个浮动工具栏，如图1-46所示。该浮动工具栏包含常用的字体格式设置参数，如字体样式、字号大小、字体加粗、字体倾斜及字体颜色等，单击相应的按钮或在弹出的下拉列表中选择相应的选项便可设置文本的字体格式。

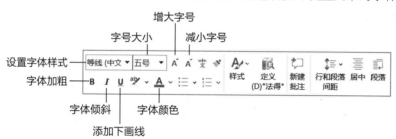

图1-46　浮动工具栏

2. 通过功能区设置

在Word 2019操作界面中的【开始】/【字体】中可直接设置文本的字体格式，包括字体、字号和颜色等，如图1-47所示。在功能区中设置字体格式的方法：在选择需要设置字体格式的文本后，在"字体"功能区中单击相应的按钮，或在弹出的下拉列表中选择相应的选项，便可设置文本的字体格式。其中的部分参数与浮动工具栏中相应参数的作用完全一致，其余参数的作用可参考图1-47。

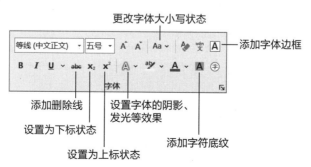

图1-47　"字体"功能区

3. 通过"字体"对话框设置

单击【开始】/【字体】中右下角的"字体"按钮▢或按【Ctrl+D】组合键，可打开"字体"对话框，如图1-48所示。在"字体"选项卡中可设置文本的字体格式，如字体、字形、字号、字体颜色、下画线等参数，还可即时预览设置字体格式后的效果；在"高级"选项卡中可设置文本的缩放、间距等参数。该对话框中部分参数的作用可参考图1-48。

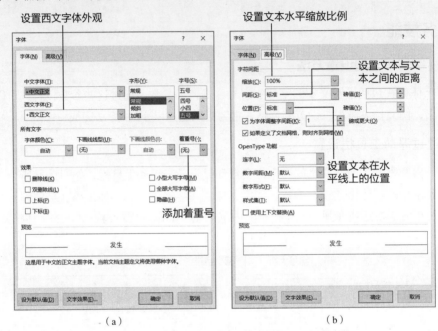

图1-48 "字体"对话框

🔊 提示：一般情况下，利用浮动工具栏或功能区设置字体格式的效率更高，但如果这两种工具都无法满足字体格式的设置需求，才会考虑使用"字体"对话框进行设置。例如，如果需要加粗字体，可以使用浮动工具栏快速完成操作；如果需要将文本设置为下标状态，则可以在功能区中单击相应按钮进行设置。但如果需要同时设置文本的中文字体和西文字体，则只能利用"字体"对话框来操作。

（二）段落格式的设置方法

段落是指文本、图形以及其他对象的集合，回车符号"↵"是段落的结束标记。通过设置段落格式，如段落对齐方式、段落缩进、行间距、段间距等，可以使文档的结构更清晰、层次更分明。

1. 设置段落对齐方式

段落对齐方式包括左对齐、居中、右对齐、两端对齐和分散对齐，其设置方法主要有2种。一是通过【开始】/【段落】中相应的对齐按钮进行设置，如图1-49所示；二是单击【开始】/【段落】中右下角的"段落设置"按钮▢，打开"段落"对话框，在"缩进和间距"选项卡中的"对齐方式"下拉列表中选择相应选项进行设置，如图1-50所示。

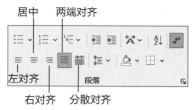

图1-49 "段落"组中的对齐按钮

图1-50 "段落"对话框中的对齐选项

提示："左对齐"方式是指段落左侧边缘强制对齐；"居中"方式是指段落相对于页面中心对齐，左右两侧的空白相等；"右对齐"方式是指段落右侧边缘强制对齐；"两端对齐"方式是指通过调整文本间距使段落左右两侧边缘强制对齐，最后一行优先对齐左边缘；"分散对齐"方式与"两端对齐"方式类似，但是它会更加均匀地分配各行的额外空间，确保各行长度完全一致。

2. 设置段落缩进

段落缩进包括左缩进、右缩进、首行缩进和悬挂缩进。设置左缩进是指控制段落左边缘与左侧页边距的距离；设置右缩进是指控制段落右边缘与右侧页边距的距离；设置首行缩进是指控制段落第一行左边缘与左侧页边距的距离；设置悬挂缩进是指控制段落除第一行外的其他行的左边缘与左侧页边距的距离。

设置段落缩进的方法主要有2种：一是单击选中【视图】/【显示】中的"标尺"复选框，通过拖曳文档编辑区上侧水平标尺中的缩进滑块来调整相应的段落缩进，如图1-51所示；二是单击【开始】/【段落】中右下角的"段落设置"按钮 ，打开"段落"对话框，在"缩进和间距"选项卡中的"缩进"栏中的"特殊格式"下拉列表中选择相应选项进行设置，如图1-52所示。

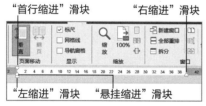

图1-51 水平标尺中的缩进滑块

图1-52 "段落"对话框中的缩进参数设置

3. 设置行距和段落间距

行距是指段落中行与行之间的距离，段落间距是指段落与段落之间的距离。

● **设置行距**：设置行距的方法有3种：一是在浮动工具栏中单击"行或段落间距"按钮 ，在弹出的下拉列表中选择某个行距选项；二是单击【开始】/【段落】中的"行或段落间距"按钮 ，在弹出的下拉列表中选择某个行距选项；三是单击【开始】/【段落】中右下角的"段落设置"按钮 ，打开"段落"对话框，在"行距"下拉列表中选择某个行距选项。

● **设置段落间距**：设置段落间距的主要方法是打开"段落"对话框，在"缩进和间距"选项卡中的"间距"栏中进行相应设置。

三、任务实施

扫一扫

使用文心一言改写
文本

（一）使用文心一言改写文本

由于原有的放假通知内容较为简单，无法体现出企业对员工的人文关怀。因此，可以借助文心一言对通知内容进行适当改写，具体操作如下。

1 打开"放假通知.txt"素材文件，按【Ctrl+A】组合键全选文本，再按【Ctrl+C】组合键复制文本，如图1-53所示。

图1-53　复制文本

2 登录文心一言官网，在页面下方的文本框中输入改写要求，如图1-54所示。这里可以给文心一言假设一种身份，例如一位在公司行政办公领域从业多年的老员工，以便得到更专业的回答。

图1-54　输入改写要求

3 在文心一言的文本框中按【Shift+Enter】组合键换行，输入"原文如下："，然后按【Shift+Enter】组合键再次换行，并按【Ctrl+V】组合键粘贴前面复制的通知内容，如图1-55所示，完成后按【Enter】键执行生成操作。

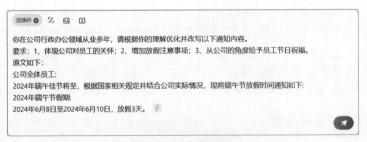

图1-55　粘贴通知原文

4 文心一言将根据改写要求对通知进行改写，确认无误后，可拖曳鼠标选择改写后的所有文本内容，在其上单击鼠标右键，在弹出的快捷菜单中选择"复制"选项，如图1-56所示。

提示：单击文心一言回复内容右下方的"复制"按钮，可快速将所有回复内容复制下来。

图1-56 复制内容

5 打开"放假通知.docx"素材文件，在最后一个段落标记处单击鼠标右键定位文本插入点，然后按【Ctrl+V】组合键粘贴改写后的内容（可直接使用配套资源中提供的"AI改写后的通知.docx"素材文件中的文本进行复制和粘贴操作），如图1-57所示。

图1-57 粘贴改写后的内容

（二）设置字体格式和段落格式

下面将在Word 2019中对通知内容的字体格式和段落格式进行设置，具体操作如下。

扫一扫

设置字体格式和段落格式

1 选择所有文本段落，在【开始】/【字体】中的"字体"下拉列表中选择"宋体"选项，在"字号"下拉列表中选择"小四"选项，如图1-58所示。

2 选择最后两段文本，单击【开始】/【段落】中的"右对齐"按钮 ≡，如图1-59所示。

图1-58 设置字体和字号   图1-59 设置对齐方式

3 选择第二段至倒数第三段文本，单击【开始】/【段落】中右下角的"段落设置"按钮 ⌐，打开"段落"对话框，在"缩进"栏中的"左侧"数值框中输入"0"，在"特殊格式"下拉列表中选择"首行缩进"，完成后单击 确定 按钮，如图1-60所示。

4 选择所有文本段落，单击【开始】/【字体】中右下角的"字体"按钮 ⌐，打开"字体"对话框，在"西文字体"下拉列表中选择"Times New Roman"，然后单击 确定 按钮，如图1-61所示。

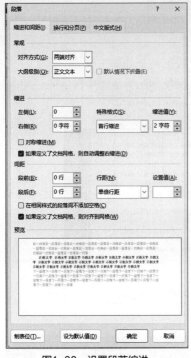

图1-60 设置段落缩进

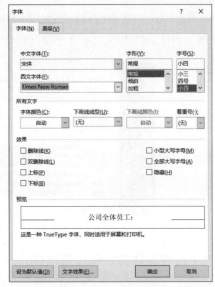

图1-61 设置西文字体

5 保持文本段落的选择状态，单击【开始】/【段落】中的"行和段落间距"按钮 ⌁⌄，在弹出的下拉列表中选择"1.5"选项，如图1-62所示。

6 拖曳鼠标选择第四段中的第一行文本，单击【开始】/【字体】中的"加粗"按钮 B，再单击该组中"字体颜色"按钮 A 右侧的下拉按钮 ⌄，在弹出的下拉列表中选择"标准色"栏中的"红色"选项，如图1-63所示，最后保存文档。

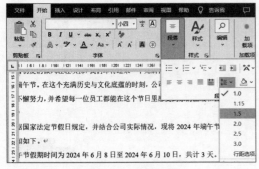

图1-62 设置行距

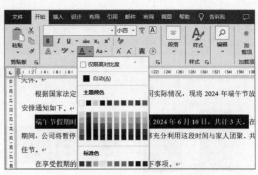

图1-63 加粗字体并设置字体颜色

任务四　图文混排——制作中国传统文化海报

一、任务目标

　　海报是一种视觉传达媒介，它通过图像和文字的结合，传递特定的信息或观点，以达到宣传、教育、启发和娱乐的目的。无论是企业推广产品、服务或活动，还是在政府或公共机构中传递政策信息、健康知识等内容，都能看到海报的身影。

　　本任务的目标是制作一张关于中国传统文化的海报，以达到弘扬优秀传统文化、鼓励大家继承和发扬优秀传统文化的目的，海报参考效果如图1-64所示。本任务将重点讲解在Word 2019中使用图片、艺术字、文本框和形状等图形对象的方法，以及使用AIGC工具创作图片和仿写文本的方法。

图1-64　中国传统文化海报参考效果

　　配套资源

　　素材文件：项目一\任务四\参考图.jpg、中国传统文化.docx、劳动宣传语.txt。

　　效果文件：项目一\任务四\海报背景.png、中国传统文化.docx。

二、任务技能

（一）图形对象的基本操作

　　在Word 2019中可以插入图片、形状、文本框、艺术字等各种图形对象，对其进行编辑后，还能实现图文混排效果。

1. 插入与编辑图片

　　在各类文档中，图片的使用较为广泛。在文档中插入并编辑图片，可以使文档内容显得更生动，美观度更高。

● **插入图片**：将文本插入点定位到需要插入图片的位置，单击【插入】/【插图】中的"图片"按钮🖼，在弹出的下拉列表中选择"此设备"选项，打开"插入图片"对话框，在左侧的导航窗格中选择图片的保存位置，选择需要插入的图片，然后单击 插入(S) ▼按钮，如图1-65所示。

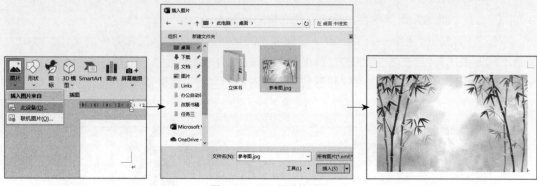

图1-65　插入图片的过程

● **调整图片大小**：选中图片，图片边框上将出现8个圆形的白色控制点，如图1-66所示，拖曳这些控制点可以调整图片大小。其中，拖曳4个角上的控制点可等比例调整图片的高度和宽度，且不会使图片变形；拖曳4条边中间的控制点可单独调整图片的高度或宽度，但图片会变形。

● **移动图片**：选择图片，将鼠标指针定位到图片上，当指针变成形状时，按住鼠标左键不放并拖曳图片，便可移动图片。

图1-66　图片上的控制点

● **旋转图片**：选择图片，拖曳图片上方出现的"旋转"图标🔄可调整图片的旋转角度，实现旋转图片的效果。

● **裁剪图片**：选择图片，单击【格式】/【大小】中的"裁剪"按钮🖼，此时，图片四周将显示裁剪框，拖曳裁剪框可裁剪图片，按【Enter】键或单击文档其他位置可确认裁剪，如图1-67所示。

图1-67　裁剪图片的过程

...

提示：若要将图片快速裁剪为特殊形状，让图片与文档配合得更加完美，则可以选择图片，单击【图片格式】/【大小】中"裁剪"按钮下方的下拉按钮，在弹出的下拉列表中选择"裁剪为形状"选项，在弹出的子列表中选择想要裁剪的形状，如图1-68所示。可以看到，此时，图片已被裁剪为指定的形状。

图1-68　将图片裁剪为椭圆形状

● **设置图片环绕方式**：将图片插入文档后，会默认以"嵌入型"环绕方式显示在页面中，这种方式会使图片与文本混为一体，即将图片视作一个字符排列在段落中。若要改变这种环绕方式，可选择图片，单击【图片格式】/【排列】中的"环绕文字"按钮，在弹出的下拉列表中选择所需的环绕方式即可，如图1-69所示。

图1-69　改变图片的环绕方式

● **美化图片**：Word 2019提供了强大的图片美化功能。选择图片后，在【图片格式】/【调整】和【图片格式】/【图片样式】中可进行各种图片美化操作，部分常用参数的作用如图1-70所示。

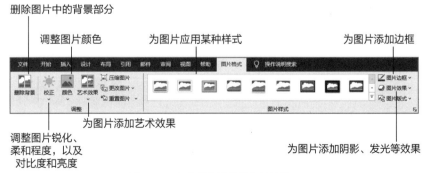

图1-70　部分美化图片的参数的作用

2．插入与编辑形状

Word 2019提供了大量的形状，用户在编辑文档时可以合理使用这些形状，不仅能提高美化文档的效率，还能提升文档质量。

● **插入形状**：单击【插入】/【插图】中的"形状"按钮，在弹出的下拉列表中选择某个形状选项，然后通过单击鼠标右键或拖曳鼠标来完成形状的插入操作。

● **调整形状**：形状插入文档后，其默认环绕方式为"浮于文字上方"。此时，大家可以按照调整图片的方法来调整形状的大小、位置和旋转角度。

● **更改形状**：选择形状，单击【形状格式】/【插入形状】中的"编辑形状"按钮，在弹出的下拉列表中选择"更改形状"选项，并在弹出的子列表中选择需要更改的形状选项，如图1-71所示。

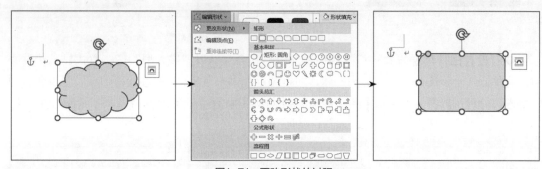

图1-71　更改形状的过程

● **编辑形状顶点**：选择形状，单击【形状格式】/【插入形状】中的"编辑形状"按钮，在弹出的下拉列表中选择"编辑顶点"选项，此时，形状边框上将显示多个黑色顶点。选择某个顶点后，拖曳该顶点可调整该顶点位置；拖曳顶点两侧的白色控制点可调整该顶点所连线段的形状，如图1-72所示。编辑完成后按【Esc】键或单击文档的其他区域可退出顶点编辑状态。

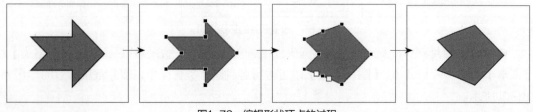

图1-72　编辑形状顶点的过程

● **美化形状**：选择形状，在【形状格式】/【形状样式】中可对其进行各种美化操作，如在"形状样式"下拉列表中可快速为形状应用某种预设的样式；单击"形状填充"按钮右侧的下拉按钮，可在弹出的下拉列表中设置形状的填充颜色，包括主题色、图片、渐变、纹理等多种填充方式；单击"形状轮廓"按钮右侧的下拉按钮，可在弹出的下拉列表中设置形状轮廓的颜色、粗细和样式；单击"形状效果"按钮，可在弹出的下拉列表中为形状添加阴影、发光等多种形状效果，如图1-73所示。

图1-73　美化形状的操作

● **添加文本**：除了线条和公式形状外，其他类型的形状都可以在内部添加文本。在形状中添加文本的方法：在形状上单击鼠标右键，在弹出的快捷菜单中选择"添加文字"选项，然后直接在文本插入点处输入所需的文本内容。选择输入的文本，还可设置字体格式和段落格式，如图1-74所示。

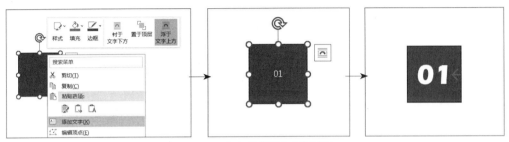

图1-74　添加并设置文本的过程

3. 插入与编辑文本框

文本框可以有效实现各种图文混排的需求，在其中既可以输入文本，也可以插入图片。在Word 2019中可以创建自带样式的文本框，也可以手动绘制文本框。插入文本框的方法：单击【插入】/【文本】中的"文本框"按钮，在弹出的下拉列表中选择某种样式以快速创建文本框。若选择"绘制横排文本框"选项或"绘制竖排文本框"选项，则可在文档中通过拖曳鼠标绘制创建所需的文本框。无论选择哪种方式，在创建文本框后均可以在其中输入文本或图片，如图1-75所示。插入文本框后，可按照编辑形状的方式对文本框进行编辑，可按照编辑文本的方式设置文本框中的文本对象。

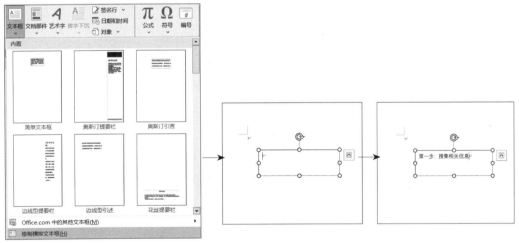

图1-75　创建文本框并输入文本

4. 插入与编辑艺术字

单击【插入】/【文本】中的"艺术字"按钮，在弹出的下拉列表中选择某种艺术字样式。此时，文档中将插入带有默认文本样式的艺术字文本框，然后输入所需的文本即可，如图1-76所示。

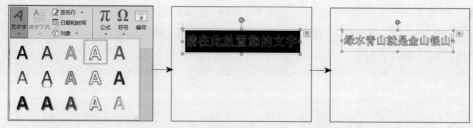

图1-76　创建艺术字并输入文本

艺术字的编辑和美化操作与文本框完全相同，这里重点介绍更改艺术字外观形状的方法，此方法对文本框同样适用。更改艺术字外观形状的方法：选择艺术字，单击【形状格式】/【艺术字样式】中的"文本效果"按钮🅰，在弹出的下拉列表中选择"转换"选项，在弹出的子列表中选择某种转换样式选项，便可更改艺术字的外观形状，如图1-77所示。

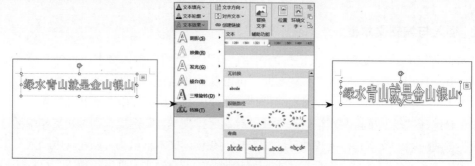

图1-77　更改艺术字的外观形状

（二）编辑多个图形

如果文档中存在多个图形，那么可以通过以下操作来提高文档的编辑效率。

1. 对齐与排列多个图形

按住【Shift】键的同时选择多个图形，然后单击【形状格式】/【排列】组中的"对齐"按钮🖳，在弹出的下拉列表中选择相应的选项便可快速调整多个图形的位置。图1-78所示为顶端对齐前后的效果对比。

图1-78　顶端对齐前后的效果对比

图1-79所示为单击"对齐"按钮🖳后弹出的下拉列表，主要包含3类选项，分别是对齐方式、排列方式和参考方式。对齐方式主要是各种不同的对齐效果；排列方式主要是用于快速调整多个图形在水平方向和垂直方向的间距；参考方式主要是在执行对齐或排列操作时以哪个对象为参照物。

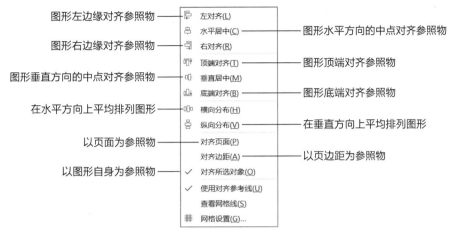

图1-79　各种对齐与排列选项

左侧标注（从上到下）：
图形左边缘对齐参照物
图形右边缘对齐参照物
图形垂直方向的中点对齐参照物
在水平方向上平均排列图形
以页面为参照物
以图形自身为参照物

右侧标注（从上到下）：
图形水平方向的中点对齐参照物
图形顶端对齐参照物
图形底端对齐参照物
在垂直方向上平均排列图形
以页边距为参照物

2. 组合与取消组合多个图形

将多个图形组合为一个对象后，对该对象进行缩放、旋转、移动等操作时，多个图形之间的相对位置不会发生变化。组合多个图形的方法：按住【Shift】键的同时选择多个图形，然后单击【形状格式】/【排列】中的"组合"按钮 ，在弹出的下拉列表中选择"组合"选项，如图1-80所示。若要取消组合，则可选择组合对象，单击【形状格式】/【排列】中的"组合"按钮 ，在弹出的下拉列表中选择"取消组合"选项。

图1-80　组合多个图形的过程

3. 调整多个图形的叠放次序

当文档中存在多个图形时，Word 2019会根据这些图形创建的先后顺序将其叠放。如果需要重新调整叠放次序，则可选择需要调整叠放次序的图形，单击【形状格式】/【排列】组中的"下移一层"按钮 或"上移一层"按钮 进行调整，也可单击这两个按钮右侧的下拉按钮 ，在弹出的下拉列表中选择"置于底层"选项或"置于顶层"选项，将图形快速调整到文档的最底层或最顶层，如图1-81所示。

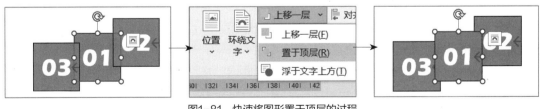

图1-81　快速将图形置于顶层的过程

三、任务实施

（一）使用通义万相创作背景图片

当我们拥有一张不太满意的图片时，可以借助AIGC工具以此图片为基础，生成更符合需求的图片。下面将利用通义万相和参考图片创作中国传统文化海报所需要的背景图片，具体操作如下。

1 登录通义万相官方网站，单击界面左下方"参考图"栏中的"上传"按钮，如图1-82所示。

2 在弹出的"打开"对话框中，找到并选择"参考图.jpg"素材图片，单击 打开(O) 按钮，如图1-83所示。

图1-82 上传图片

图1-83 选择图片

3 在"文本生成图像"栏中输入对生成图片的要求，这里输入如图1-84所示的内容。

4 单击 16：9 按钮设置将要生成图片的比例，然后单击 生成创意画作 按钮执行生成操作，如图1-85所示。

图1-84 输入要求

图1-85 设置生成图片的比例

5 通义万相将根据输入的要求和提供的参考图生成图片。这里生成了4张图片，如图1-86所示，单击相应的缩略图可详细查看图片内容。

6 选择内容符合需求的图片，单击对应的缩略图，在打开的窗口下方单击"高清放大"按钮，如图1-87所示。

7 通义万相将对图片进行处理，完成后会在窗口中显示图片处理前后的对比效果，确认无误后单击窗口下方的"下载AI生成结果"按钮，如图1-88所示。

图1-86　生成的图片

图1-87　提高画质

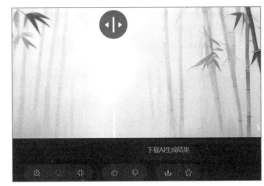

图1-88　下载图片

8 在弹出"新建下载任务"对话框（此对话框样式因浏览器的不同而不同，这里使用的是搜狗高速浏览器）后，在"文件名"文本框中输入"海报背景.png"，在"保存到"下拉列表框中设置图片的保存位置（可单击右侧的"浏览"按钮 进行选择），然后单击 下载 按钮下载图片，如图1-89所示。

图1-89　"新建下载任务"对话框

（二）插入并编辑图片

下面将使用通义万相生成的图片作为海报背景，插入文档并对图片进行设置，具体操作如下。

1 打开"中国传统文化.docx"素材文件，单击【插入】/【插图】组中的"图片"按钮，在弹出的下拉列表中选择"此设备"选项，如图1-90所示。

2 打开"插入图片"对话框，选择保存的"海报背景.png"图片，然后单击 插入(S) 按钮，如图1-91所示。

图1-90　插入图片　　　　　　　　　图1-91　选择图片

3 选择图片，单击【图片格式】/【排列】组中的"环绕文字"按钮，在弹出的下拉列表中选择"衬于文字下方"选项，如图1-92所示。

4 拖曳图片使其左上角与页面左上角对齐，然后拖曳图片右下角的控制点放大图片，使其刚好覆盖整个页面区域，如图1-93所示。

图1-92　设置环绕方式　　　　　　　图1-93　调整图片的位置和大小

（三）插入并编辑艺术字

艺术字效果可以用来制作文档标题或其他需要突出显示的文本，下面将在文档中使用艺术字制作海报标题"中国传统文化"，具体操作如下。

1 单击【插入】/【文本】组中的"艺术字"按钮，在弹出的下拉列表中选择"渐变填充，灰色"选项，如图1-94所示。

2 文档中将插入所选样式的艺术字，且其中的内容呈选中状态，此时，直接输入需要的标题文本"中国传统文化"，如图1-95所示。

图1-94　选择艺术字样式

图1-95　输入艺术字文本

3 选择输入的文本，在【开始】/【字体】中的"字体"下拉列表中选择"方正美黑简体"（在配套资源中已提供此字体。若计算机中未安装此字体，则可在该文件上单击鼠标右键，在弹出的快捷菜单中选择"安装"选项将其安装到计算机上），在"字号"下拉列表框中手动输入"60"，并按【Enter】键确认，如图1-96所示。

4 保持文本的选择状态，单击【形状格式】/【排列】中的"对齐"按钮，在弹出的下拉列表中选择"对齐页面"选项，调整对齐参照物，如图1-97所示。

图1-96　设置艺术字字体格式

图1-97　设置对齐参照物

5 再次单击"对齐"按钮，在弹出的下拉列表中选择"水平居中"选项，如图1-98所示。

6 单击【形状格式】/【艺术字样式】中的"文本效果"按钮，在弹出的下拉列表中选择"阴影"选项，在弹出的子列表中选择"外部"栏中的"偏移：右"选项，如图1-99所示。

图1-98　将艺术字对齐页面中央

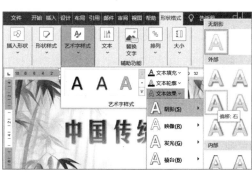

图1-99　添加阴影效果

（四）插入文本框并使用文心一言仿写文本

下面将在海报中利用文本框制作宣传语。由于已经有一段关于歌颂劳动的宣传语，因此可以利用文心一言对该宣传语进行仿写来快速得到新的宣传语内容，再创建并编辑文本框，以达到制作宣传语的目的，具体操作如下。

1 打开"劳动宣传语.txt"素材文件，按【Ctrl+A】组合键全选文本，再按【Ctrl+C】组合键复制所有文本，如图1-100所示。

2 登录文心一言官方网站，在页面下方的文本框中输入改写要求，如图1-101所示。

图1-100　复制文本

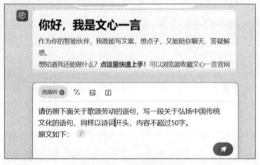

图1-101　输入要求

3 按【Shift+Enter】组合键换行，按【Ctrl+V】组合键粘贴文本，然后按【Enter】键执行生成操作，如图1-102所示。

4 查看文心一言回复的内容，确认无误后单击下方的"复制内容"按钮，如图1-103所示。

图1-102　粘贴文本

图1-103　复制文本

5 返回"中国传统文化.docx"素材文件，单击【插入】/【文本】中的"文本框"按钮，在弹出的下拉列表中选择"绘制横排文本框"选项，如图1-104所示，然后拖曳鼠标在艺术字下方绘制横排文本框。

6 释放鼠标后，系统将自动在文本框内定位文本插入点，然后按【Ctrl+V】组合键粘贴仿写的文本，如图1-105所示。

7 选择整个文本框对象，然后单击【格式】/【形状样式】组中"形状填充"按钮右侧的下拉按钮，在弹出的下拉列表中选择"无填充"选项，如图1-106所示。

图1-104　绘制横排文本框

图1-105　粘贴文本

8 继续单击【形状格式】/【形状样式】中"形状轮廓"按钮 ✑ 右侧的下拉按钮 ∨，在弹出的下拉列表中选择"无轮廓"，如图1-107所示。

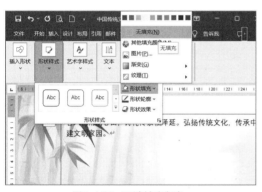

图1-106　取消填充颜色

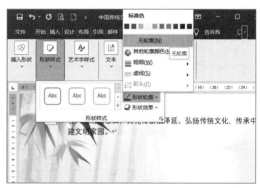

图1-107　取消轮廓颜色

9 选择文本框中的所有文本，在【开始】/【字体】中的"字体"下拉列表中选择"方正北魏楷书简体"选项，在"字号"下拉列表中选择"20"选项，如图1-108所示。

10 保持文本的选择状态，拖曳水平标尺上的"首行缩进"滑块 ▽，将其拖曳大约2个字符的距离，用于调整段落的首行缩进距离，如图1-109所示。

图1-108　设置字体格式

图1-109　调整缩进距离

11 再次选择整个文本框对象，然后单击【形状格式】/【排列】中的"对齐"按钮 ⯆，在弹出的下拉列表中选择"水平居中"选项，如图1-110所示。

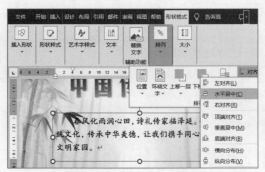

图1-110　将文本框水平居中

（五）插入并编辑形状

下面将讲解如何使用矩形形状让文本框中的文本更易阅读，使用圆形形状来丰富海报内容，具体操作如下。

1 单击【插入】/【插图】中的"形状"按钮，在弹出的下拉列表中选择"矩形"栏中的"矩形"选项，如图1-111所示。

2 拖曳鼠标绘制一个宽度与页面相同、高度能覆盖文本框中文本的矩形，如图1-112所示。

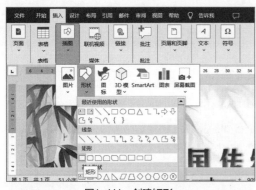

图1-111　创建矩形

图1-112　绘制矩形

3 保持矩形的选择状态，单击【形状格式】/【排列】中的"下移一层"按钮，使矩形位于文本框下层，如图1-113所示。

4 单击【形状格式】/【形状样式】中右下角的"设置形状格式"按钮，打开"设置形状格式"任务窗格，展开"填充"选项，单击选择"纯色填充"。然后单击"颜色"按钮，在弹出的下拉列表中选择"主题颜色"栏中的"白色，背景1"，并在"透明度"数值框中输入"40%"，如图1-114所示。

提示：当需要对形状、艺术字、文本框等对象进行更多属性设置时，可以考虑打开"设置形状格式"任务窗格，在其中进行相应设置。打开这些任务窗格的方法除了上述步骤中介绍的以外，还可直接在对象上单击鼠标右键，在弹出的快捷菜单中选择"设置形状格式"选项。

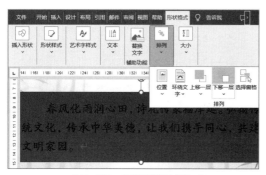

图1-113　调整矩形叠放次序

图1-114　设置填充颜色

5 继续在"设置形状格式"任务窗格中展开"线条"选项，然后在其中单击选择"无线条"单选项，如图1-115所示。

6 单击【插入】/【插图】中的"形状"按钮，在弹出的下拉列表中选择"基本形状"栏中的"椭圆"选项。然后在文档页面中单击鼠标左键创建圆形，并在"设置形状格式"任务窗格中选择形状的填充颜色为"白色，背景1"，透明度为"20%"，轮廓颜色为"无线条"，如图1-116所示。

图1-115　取消轮廓颜色

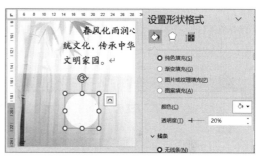

图1-116　创建圆形并设置格式

7 在圆形上单击鼠标右键，在弹出的快捷菜单中选择"添加文字"选项，输入"传"。选择输入的文本，在【开始】/【字体】中字体选择"方正粗圆简体"，字号选择"14"。然后在该图中单击"字体颜色"按钮右侧的下拉按钮，在弹出的下拉列表中选择"主题颜色"栏中的"黑色，文字1"选项，如图1-117所示。

8 选择圆形，在【形状格式】/【大小】中将"高度"数值框和"宽度"数值框中的数值均设置为"1.85厘米"，如图1-118所示。

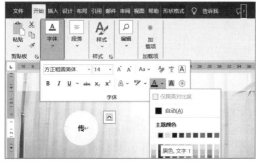

图1-117　输入并设置文本

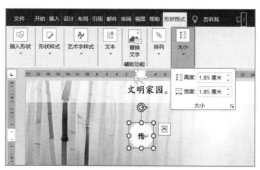

图1-118　调整形状大小

9　保持圆形的选择状态，按住【Ctrl+Shift】组合键的同时按住鼠标左键不放，向右拖曳鼠标以复制形状，使两个形状有小部分区域重叠，如图1-119所示。

10　将复制出的圆形中的文本修改为"统"，如图1-120所示。

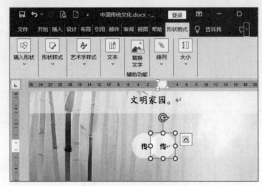

图1-119　复制圆形

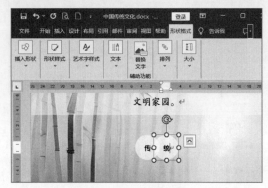

图1-120　修改文本

提示：形状的复制与文本的复制操作有些类似，既可以使用组合键完成复制操作，也可以利用功能按钮、快捷菜单来完成。这里使用【Ctrl+Shift】组合键进行复制是为了在复制时保证复制的形状能够位于同一水平线上，如无此需求，则只需利用【Ctrl】键就能完成复制操作。

11　按相同方法继续复制其他两个圆形，并将文本分别修改为"文"和"化"，如图1-121所示。

12　按住【Shift】键依次选择4个圆形，单击【形状格式】/【排列】中的"对齐"按钮，在弹出的下拉列表中选择"对齐所选对象"选项，调整对齐参照物，如图1-122所示。

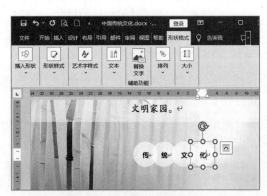

图1-121　复制形状并修改文本

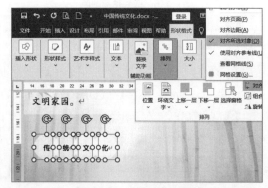

图1-122　设置对齐参照物

13　再次单击"对齐"按钮，在弹出的下拉列表中选择"横向分布"选项，如图1-123所示。

14　保持4个圆形的选择状态，单击【形状格式】/【排列】中的"组合"按钮，在弹出的下拉列表中选择"组合"选项，将4个圆形组合为一个形状，如图1-124所示。

15　利用【Ctrl+Shift】组合键复制组合后的形状，然后将其中的文本分别修改为"源""远""流""长"，如图1-125所示。

16 按相同方法继续复制组合后的形状，并将文本分别修改为"博""大""精""深"，如图1-126所示。

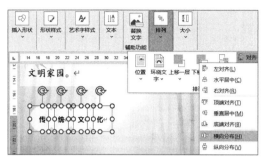

图1-123　排列形状

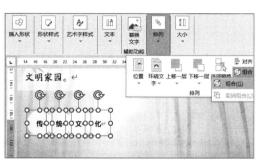

图1-124　组合形状

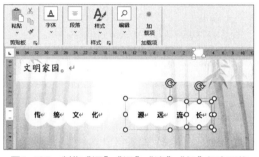

图1-125　制作"源""远""流""长"组合形状

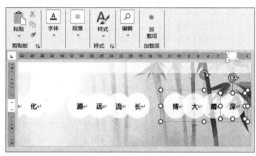

图1-126　制作"博""大""精""深"组合形状

17 将对齐参照物设置为"对齐页面"，然后将3组组合形状进行"横向分布"设置，最后保存文档完成操作，如图1-127所示。

图1-127　排横向分布多个组合图形

项目实训

实训1　制作校园环保计划

一、实训要求

使用文心一言制作校园环保计划，内容主要包括引言、环保目标、实施计划、保障措施、结语等部分。其中实施计划涵盖宣传与教育、节能减排、垃圾分类与回收、绿化与生态修复、组织环保活动等内容。将得到的内容复制到文档中，再对内容进行适当编辑和美化，参考效果如图1-128所示。

校园环保计划

一、引言

随着全球环境问题的日益严重，学校作为培养未来社会栋梁的摇篮，更应该积极倡导并践行环保理念。为了营造一个绿色、健康、和谐的校园环境，特制定校园环保计划。

二、环保目标

1. 宣传环保理念，提高师生环保意识。

2. 推广绿色生活方式，减少环境污染。

3. 落实节能减排措施，降低能耗。

4. 鼓励师生参与环保活动，营造良好的环保氛围。

三、实施计划

1. 宣传与教育

（1）通过校园广播、宣传栏、微信公众号等渠道定期发布环保知识、环保动态和环保倡议，提高师生对环保问题的关注度。

（2）组织环保主题讲座、研讨会等活动，邀请环保专家、学者来校进行讲座，增强师生对环保问题的认识和理解。

（3）将环保教育融入课程教学中，通过课堂讲解、案例分析等方式引导学生树立环保意识，培养绿色生活方式。

2. 节能减排

（1）推广节能灯具、节水器具等环保产品，减少校园能源的浪费。

（2）加强校园能源管理，对校园内的用电、用水等能源使用情况进行实时监测和分析，并制定相应的节能措施，降低能耗。

（3）鼓励师生使用公共交通、骑行、步行等低碳出行方式，减少碳排放。

3. 垃圾分类与回收

（1）在校园内设置分类垃圾桶，引导师生正确分类投放垃圾，减少垃圾对环境的污染。

（2）建立废旧物品回收站，对可回收物品进行统一回收和处理，实现资源的再利用。

（3）开展垃圾分类知识宣传活动，提高师生对垃圾分类的认识和参与度。

4. 绿化与生态修复

（1）加强校园绿化建设，种植更多的绿色植物，提高校园绿化覆盖率。

（2）开展校园生态修复项目，对受损的生态环境进行修复和治理，恢复生态平衡。

（3）鼓励师生参与校园绿化和生态修复工作，共同打造美丽校园。

5. 组织环保活动

（1）定期组织环保主题日、环保周等活动，引导师生积极参与环保实践。

（2）开展环保志愿服务活动，组织师生参与校园清洁、绿化维护等环保工作。

（3）举办环保创意大赛、环保摄影比赛等活动，激发师生对环保的创意和热情。

四、保障措施

1. 加强组织领导，明确责任分工，确保各项环保任务得到有效落实。

2. 加大资金投入，为校园环保工作提供必要的经费支持。

3. 建立健全环保工作考核机制，对环保工作成果进行定期评估和表彰。

4. 加强与校外环保组织、企业的合作与交流，共同推动校园环保事业的发展。

五、结语

本计划旨在通过宣传与教育、节能减排、垃圾分类与回收、绿化与生态修复，以及组织环保活动等多方面的措施共同推动校园环保事业的发展。让我们携手共进，为建设美丽校园、实现绿色未来而努力奋斗！

图1-128　校园环保计划参考效果

配套资源

素材文件：项目一\项目实训\AI撰写的计划.docx。

效果文件：项目一\项目实训\校园环保计划.docx。

二、实训思路

扫一扫
制作校园环保计划

（1）新建文档并将其保存为"校园环保计划.docx"。

（2）使用文心一言生成文本内容，然后将得到的校园环保计划文本复制到Word文档中。

（3）将标题文本设置为"黑体、三号、居中对齐"。

（4）将其余正文内容的字体格式设置为"中文字体-宋体、西文字体-Times New Roman、左缩进0、首行缩进2字符"。

（5）打开"查找与替换"对话框，单击 更多(M) >> 按钮展开对话框，利用 特殊格式(E)▼ 下拉按钮将查找内容设置为"手动换行符"，将替换内容设置为"段落标记"，然后执行全部替换操作。

（6）选择包含多余编号的段落文本，单击【开始】/【段落】中的"编号"按钮≡取消编号。

（7）重新将除标题文本外的其他段落文本的缩进格式设置为"左缩进0、首行缩进2字符"，并将所有段落的行距设置为"1.5"。

（8）将编号样式为"一、""二、""三、"……的段落文本加粗显示。

> 提示：若多个段落具有先后顺序，除了为这些段落手动添加编号外，还可单击【开始】/【段落】中的"编号"按钮，自动添加编号，此后按【Enter】键分段时便会自动添加相同样式的编号。若单击该按钮右侧的下拉按钮，则可在弹出的下拉列表中选择更多的编号样式。若多个段落具有并列关系，则可以为这些段落添加"■""◆""●"等样式的项目符号，即单击【开始】/【段落】中的"项目符号"按钮，此后按【Enter】键分段时便会自动添加相同样式的项目符号。若单击该按钮右侧的下拉按钮，则可在弹出的下拉列表中选择更多的项目符号样式。

实训2 制作科技活动周海报

一、实训要求

为了宣传即将开始的科技活动，现需要综合利用图片、艺术字、文本框、形状等对象制作一张科技活动周海报，要求海报中包含海报名称、宣传口号、时间和地点等信息，参考效果如图1-129所示。

图1-129 科技活动周海报参考效果

配套资源

素材文件：项目一\项目实训\科技活动周.docx、蓝色背景.png。

效果文件：项目一\项目实训\科技活动周.docx。

二、实训思路

（1）使用通义万相创建一张高清的海报背景图片，比例为"16∶9"。

扫一扫

制作科技活动周海报

（2）打开“科技活动周.docx”文档，插入由通义万相创作的图片，设置环绕方式为“衬于文字下方”，再将图片放大，直到覆盖整个页面。

（3）插入艺术字，样式为Word 2019预设样式中第三行第三个样式，输入“第八届”，然后将字体格式设置为“方正兰亭大黑简体、48、加粗、倾斜”。

（4）复制艺术字，修改文字内容为“校园科技活动周”，再修改艺术字样式为第二行第四个样式，将字号设置为“28”。

（5）插入直角三角形，将填充颜色设置为“白色，背景1”，取消轮廓颜色，然后缩小形状并旋转角度，再将其放置在第二个艺术字的左上方。

（6）复制直角三角形，旋转角度，将其放置在第二个艺术字的右下方。

（7）复制第二个艺术字，将字号设置为“72”，再修改文字内容为“前沿趋势 技术创新”，然后将该艺术字移至页面中间偏右的位置。

（8）插入文本框，取消填充颜色和轮廓颜色，再输入时间。

（9）复制文本框，修改时间为地点。

（10）绘制水平直线（绘制时可借助【Shift】键），将颜色设置为“白色，背景1”，再将其放置在时间与地点文本框之间。

强化练习

练习1　制作公益短视频文案

使用文心一言将现有的短视频文案改写为一篇主题为“阅读”的公益短视频文案。将得到的内容复制到新建的Word文档中后，进行适当设置以提高文档内容的可读性和美观性，参考效果如图1-130所示。

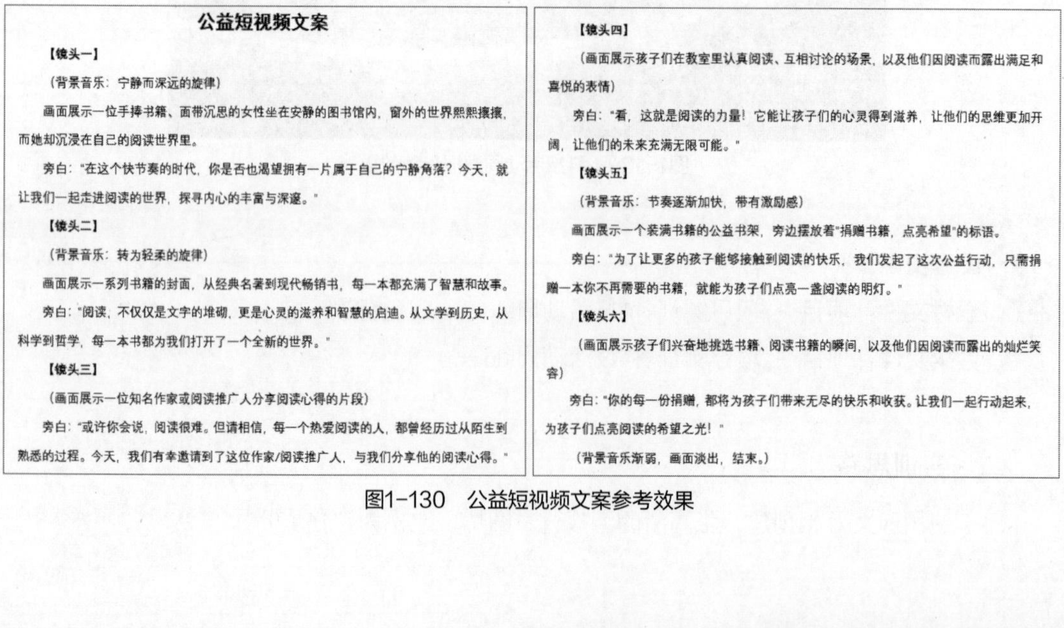

公益短视频文案

【镜头一】

（背景音乐：宁静而深远的旋律）

画面展示一位手捧书籍、面带沉思的女性坐在安静的图书馆内，窗外的世界熙熙攘攘，而她却沉浸在自己的阅读世界里。

旁白："在这个快节奏的时代，你是否也渴望拥有一片属于自己的宁静角落？今天，就让我们一起走进阅读的世界，探寻内心的丰富与深邃。"

【镜头二】

（背景音乐：转为轻柔的旋律）

画面展示一系列书籍的封面，从经典名著到现代畅销书，每一本都充满了智慧和故事。

旁白："阅读，不仅仅是文字的堆砌，更是心灵的滋养和智慧的启迪。从文学到历史，从科学到哲学，每一本书都为我们打开了一个全新的世界。"

【镜头三】

（画面展示一位知名作家或阅读推广人分享阅读心得的片段）

旁白："或许你会说，阅读很难。但请相信，每一个热爱阅读的人，都曾经历过从陌生到熟悉的过程。今天，我们有幸邀请到了这位作家/阅读推广人，与我们分享他的阅读心得。"

【镜头四】

（画面展示孩子们在教室里认真阅读、互相讨论的场景，以及他们因阅读而露出满足和喜悦的表情）

旁白："看，这就是阅读的力量！它能让孩子们的心灵得到滋养，让他们的思维更加开阔，让他们的未来充满无限可能。"

【镜头五】

（背景音乐：节奏逐渐加快，带有激励感）

画面展示一个装满书籍的公益书架，旁边摆放着"捐赠书籍，点亮希望"的标语。

旁白："为了让更多的孩子能够接触到阅读的快乐，我们发起了这次公益行动，只需捐赠一本你不再需要的书籍，就能为孩子们点亮一盏阅读的明灯。"

【镜头六】

（画面展示孩子们兴奋地挑选书籍、阅读书籍的瞬间，以及他们因阅读而露出的灿烂笑容）

旁白："你的每一份捐赠，都将为孩子们带来无尽的快乐和收获。让我们一起行动起来，为孩子们点亮阅读的希望之光！"

（背景音乐渐弱，画面淡出，结束。）

图1-130　公益短视频文案参考效果

练习2　制作助力乡村经济发展成果汇报海报

使用现有的参考图片在通义万相中生成喜庆的红色背景图片，然后打开"助力乡村经济发展成果汇报.docx"文档，通过插入图片、艺术字、文本框和形状等对象制作助力乡村经济发展成果汇报海报，参考效果如图1-131所示。

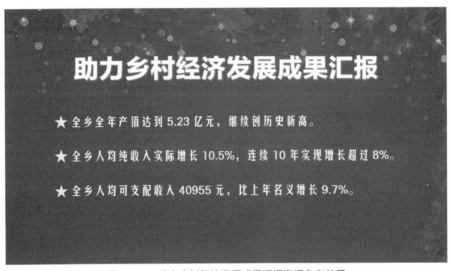

图1-131　助力乡村经济发展成果汇报海报参考效果

PART 2

项目二
Word 2019进阶操作

项目导读

　　Word 2019不仅能编辑文本与美化文档，还能编辑长文档、审核文档、设计文档版式，功能丰富且强大。

　　长文档是指篇幅较长的文档，这类文档在许多领域都有广泛的应用，如市场调研分析书、竞争分析报告、战略规划方案、技术手册、学术论文等。掌握长文档的编辑方法可以进一步提高文档处理能力。审核长文档可以提高长文档质量，减少文档中出现的错误。借助Word 2019的拼写与语法检查、批注和修订等功能，可以轻松完成对长文档的审核操作。对于杂志、期刊、画册等文档来说，其需要的版式会更加丰富和复杂。Word 2019能够轻松应对各种版式设计需求，设计出所需的版式。

　　本项目将结合AIGC工具的使用，全面介绍Word 2019的各种进阶操作，同时还将讲解如何使用邮件合并功能实现文档的批量制作。

学习目标

- 了解大纲视图的编辑方法。
- 掌握样式、页眉与页脚、脚注与尾注、封面和目录的应用。
- 熟悉批注与修订的应用。
- 掌握页面属性的设置方法。
- 了解常见中文版式的设置方法。
- 了解邮件合并。

素养目标

- 具备严谨、细致的态度，有足够的耐心应对各种学习或工作任务。
- 培养逻辑思维能力，在学习和工作中始终保持清醒的头脑。
- 锻炼全局观，全面考虑各种问题。

一、任务目标

职业道德规范是职业行为的标准。它是指在职业活动中，为了确保职业行为的正确性和公正性，维护职业形象、组织形象和社会公共利益而制定的一系列行为准则和规范。遵守职业道德规范有助于提升职业人员的专业水平和职业素养，促进行业的健康稳定发展，减少职业行为风险，保障社会公众的利益。

本任务的目标是制作一篇与员工职业道德规范相关的文档，参考效果如图2-1所示，其中将重点讲解使用AIGC工具扩写内容和解读文档内容、在Word 2019中使用大纲视图、应用样式、添加页眉页脚、插入脚注、添加封面和目录等操作。

《员工职业道德规范》'

1、总则

1.1 为营造积极向上、诚信和谐的工作环境，提高公司整体竞争力，特制定本《员工职业道德规范》，以明确员工在职业活动中应遵循的基本原则和行为标准。

1.2 本规范旨在引导员工树立正确的职业价值观，促进个人与公司的共同发展，确保公司目标与员工行为的一致性。

2、适用范围

本规范适用于公司全体员工，包括全职、兼职及实习人员，无论职位高低，均需严格遵守。

3、爱岗敬业、优质高效

3.1 员工应热爱本职工作，勤勉尽责，不断提升专业技能，努力完成工作任务。

3.2 鼓励创新思维，勇于接受挑战，持续优化工作流程，提高工作效率。

3.3 坚持客户至上原则，提供优质服务，提升客户满意度。

3.4 保持良好的团队合作精神，相互支持，共同进步，为实现团队及公司目标贡献力量。

'本规范正式发布后，原规范自动作废。
2

4、诚实守信、公平公正

4.1 在所有的业务往来中，员工必须坚持诚实原则，不得提供虚假信息或隐瞒重要事实。

4.2 对待同事及客户应保持公正无私的态度，避免任何形式的偏见和歧视。

4.3 保护公司资产，合理使用公司资源，不谋取私利。

4.3.1 严禁利用职务之便为自己或他人谋取不正当利益。

4.3.2 发现任何违规行为，应主动上报，维护公司利益。

5、遵纪守法、约束业外活动

5.1 员工在工作及个人生活中均应遵守国家法律法规及公司规章制度。

5.2 不得参与任何可能损害公司形象或利益的活动。

5.3 业余时间从事的第二职业或投资活动不得与公司业务相冲突。

5.4 禁止泄露公司机密或利用公司资源进行个人营利活动。

5.5 特别规定：

5.5.1 关于社交媒体使用，员工应保持专业形象，不得发布任何有损公司声誉的内容。

5.5.2 参与社会活动时，应明确区分个人观点与公司立场，避免造成误解。

5.5.3 对外演讲或发表的文章涉及公司内容时，需事先
3

图2-1　职业道德规范文档的部分效果

配套资源

素材文件：项目二\任务一\框架.txt、职业道德规范.docx。

效果文件：项目二\任务一\职业道德规范.docx。

二、任务技能

（一）大纲视图的使用方法

使用大纲视图可以快速了解和调整文档内容，在大纲视图中还可以设置不同段落的大纲级

别，方便进行插入目录等操作。

1. 了解和调整内容

单击【视图】/【视图】中的"大纲"按钮 可进入大纲视图模式，此时，Word 2019将根据不同段落的大纲级别显示文档内容。在【大纲显示】/【大纲工具】中的"显示级别"下拉列表中选择需要显示的大纲级别。比如，选择"2级"选项，此时将显示大纲级别为1级和2级的段落，3级及3级以下显示级别的段落将被隐藏，如图2-2所示，通过该种显示方式就能快速了解文档的整个内容结构。

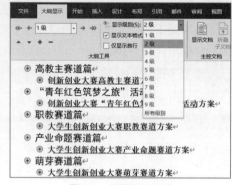

图2-2　设置显示级别

若要调整段落的位置，可通过拖曳段落左侧的 标记或 标记来实现。其中，段落左侧显示为 标记的，说明该段落下包含子段落，拖曳时子段落将一并调整；段落左侧显示为 标记的，说明该段落下没有包含子段落，拖曳时只能调整当前段落。

2. 调整段落的大纲级别

在Word 2019中，默认输入文本的大纲级别都是正文文本，要想利用导航窗格查看文档内容或插入文档目录等，就需要对段落的大纲级别进行调整。调整段落大纲级别的方法：进入大纲视图模式，将文本插入点定位到需要设置大纲级别的段落中或选择该段落，然后在【大纲显示】/【大纲工具】中的"大纲级别"下拉列表中设置段落的大纲级别，也可利用该下拉列表左右两侧的按钮对大纲级别进行调整，设置大纲级别的按钮及功能如图2-3所示。

图2-3　设置大纲级别的按钮及功能

提示：选择段落并打开"段落"对话框，在"缩进和间距"选项卡中的"大纲级别"下拉列表中也可设置所选段落的大纲级别。

（二）编辑长文档的常见操作

编辑长文档时，掌握一些常见的操作，如样式的应用、页眉与页脚的添加、脚注和尾注的插入、封面和目录的添加等，可以使文档编辑过程更加得心应手。

1. 应用样式

样式是一种集合了字体格式、段落格式、制表位、边框样式、底纹样式、快捷键等内容的对象。当需要为长文档中的多个文本或段落设置相同格式时，使用样式可极大提高工作效率。

● **应用样式**：选择文本或段落，或将文本插入点定位到段落中，在【开始】/【样式】中的"样式"下拉列表中选择所需的样式选项，如图2-4所示。

● **修改样式**：在"样式"下拉列表中的某个样式选项上单击鼠标右键，在弹出的快捷菜单中选择"修改"选项，打开"修改样式"对话框，在其中修改样式的名称和格式。

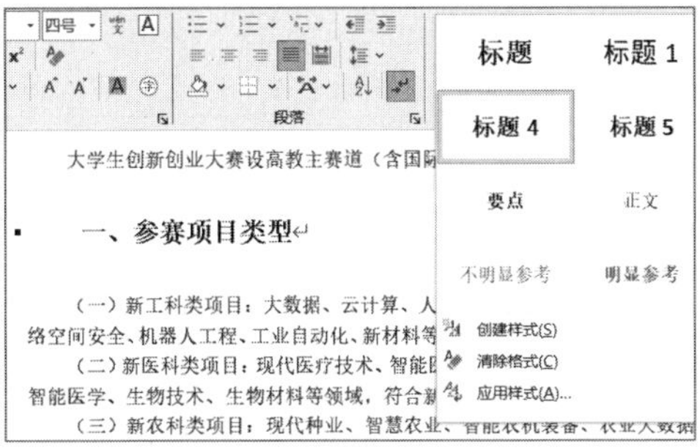

图2-4 应用样式

● **新建样式**：单击【开始】/【样式】中"样式"下拉列表右下角的下拉按钮，在弹出的下拉列表中选择"创建样式"选项，打开"根据格式化创建新样式"对话框，在"名称"文本框中设置样式名称。然后单击 修改(M)... 按钮，在打开的对话框中按修改样式的方法设置新建样式的格式。

● **删除样式**：在"样式"下拉列表中的某个需要删除的样式选项上单击鼠标右键，在弹出的快捷菜单中选择"从样式库中删除"选项。

2. 添加页眉与页脚

页眉与页脚主要用于显示文档的一些附加信息，如公司名称、文档标题、公司标志、日期、页码等，为文档增加附属信息的同时也可以使文档更加规范。对于长文档而言，页眉和页脚是必不可少的组成内容。

● **添加页眉**：单击【插入】/【页眉和页脚】中的"页眉"按钮，在弹出的下拉列表中选择某种预设的页眉选项，可快速添加页眉。在该下拉列表中选择"编辑页眉"选项，或直接在文档上方的页眉区域双击鼠标，则可进入页眉编辑状态。在此状态下，可输入所需的页眉内容或插入图片、形状等对象，并根据需要对内容进行格式设置，如图2-5所示。设置完页眉内容后，按【Esc】键或双击文档编辑区，或单击【页眉和页脚】/【关闭】中的"关闭页眉和页脚"按钮，可退出页眉编辑状态。

图2-5 编辑页眉内容

● **添加页脚**：单击【插入】/【页眉和页脚】中的"页脚"按钮，在弹出的下拉列表中选择某种预设的页脚选项可快速添加页脚。若在该下拉列表中选择"编辑页脚"选项，或在文档下方的页脚区域双击鼠标，则可进入页脚编辑状态。设置完页脚内容后，可按相同方法退出页脚编辑状态。

● **添加页码**：页码一般位于页脚区域，是长文档必不可少的内容之一。单击【插入】/

【页眉和页脚】中的"页码"按钮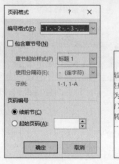，在弹出的下拉列表中选择某种预设的页码选项可快速添加页码。若在该下拉列表中选择"设置页码格式"选项，则将打开"页码格式"对话框，在其中可设置页码的编号格式和起始页码等参数，如图2-6所示。

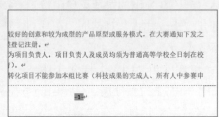

图2-6　添加并设置页码

3. 插入脚注和尾注的设置

脚注与尾注在文档中起到解释、说明、引用等作用，它们能够提高文档的准确性、可读性和学术性，帮助用户深入理解文档内容。

● **插入脚注**：选择需要插入脚注的文本或将文本插入点定位到需要插入脚注的位置，单击【引用】/【脚注】中的"插入脚注"按钮**AB¹**，然后在当前页面下方输入相应的脚注内容。此时，所选文本或文本插入点的位置将显示阿拉伯数字对应的编号，如图2-7所示。

● **插入尾注**：选择需要插入尾注的文本，或将文本插入点定位到需要插入尾注的位置，单击【引用】/【脚注】中的"插入尾注"按钮，然后在文档末尾输入相应的尾注内容，如图2-8所示。

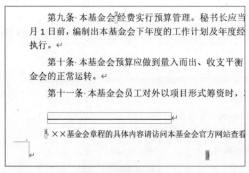

图2-7　插入脚注

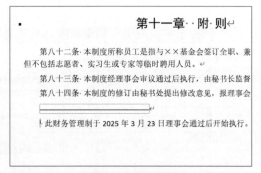

图2-8　插入尾注

4. 添加封面和目录

目录和封面都是长文档中经常使用的对象，前者能够显示文档的整体内容结构，后者则可以使文档更加完善、美观。

● **插入目录**：将文本插入点定位到需要插入目录的位置，单击【引用】/【目录】中的"目录"按钮，在弹出的下拉列表中选择某种预设的目录样式。若在该下拉列表中选择"自定义目录"选项，则会打开"目录"对话框，可以设置目录的内容和格式，如图2-9所示。需要注意的是，如果文档中没有设置大纲级别，则无法生成并插入目录。

图2-9 设置目录的内容和格式

● **插入封面**：单击【插入】/【页面】中的"封面"按钮📄，在弹出的下拉列表中选择某种封面样式，然后根据需要修改封面中的内容。对于封面中不需要的文本框等对象而言，可以在选择后按【Delete】键将其删除。如果需要删除整个封面页，则可单击"封面"按钮📄，在弹出的下拉列表中选择"删除当前封面"选项。

三、任务实施

（一）使用通义千问创作文档内容

在起草规范、制度等各类长文档时，可以先确定大致的内容框架，再通过AIGC工具来扩写内容，然后对扩写后的内容进行相应修改，最终得到一篇专业文档。下面示范使用通义千问扩写员工职业道德规范的过程，具体操作如下。

扫一扫

使用通义千问创作
文档内容

1 登录通义千问官方网站，在页面下方的文本框中输入扩写要求，然后按【Shift+Enter】组合键换行，如图2-10所示。

图2-10 输入扩写要求

2 打开"框架.txt"素材文件，按【Ctrl+A】组合键全选文本，再按【Ctrl+C】组合键复制文本，如图2-11所示。

图2-11 复制框架文本

3 切换到通义千问页面，在下方的文本框中按【Ctrl+V】组合键粘贴文本，然后按【Enter】键执行生成操作，便可得到扩写的内容。确认无误后，可拖曳鼠标选择改写后的所有文本内容，并按【Ctrl+C】组合键进行复制，如图2-12所示。

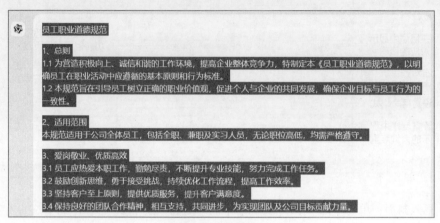

图2-12　复制文本

4 启动Word 2019，新建空白文档，按【Ctrl+V】组合键粘贴文本。此时，可以根据需要在现有文本的基础上修改规范内容，并对文本的字体格式和段落格式进行适当设置，参考效果如图2-13所示（为方便操作，本书在配套资源中提供了已经设置好的文档，用户可直接打开"职业道德规范.docx"素材文件进行使用）。

图2-13　粘贴并设置文本

（二）在大纲视图中设置大纲级别

扫一扫

在大纲视图中设置大纲级别

下面将在Word 2019中利用大纲视图对特定段落的大纲级别进行设置，具体操作如下。

1 单击【视图】/【视图】中的"大纲"按钮▣，进入大纲视图模式。在"1、总则"段落中单击鼠标右键定位文本插入点，然后在【大纲显示】/【大纲工具】中的"大纲级别"下拉列表中选择"2级"选项，如图2-14所示。

2 按相同方法将编号为"2、""3、""4、"……的段落，以及"附件："段落的大纲级别设置为"2级"，如图2-15所示。

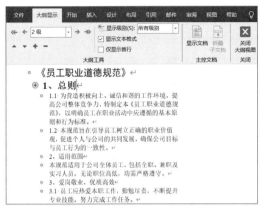
图2-14 设置大纲级别

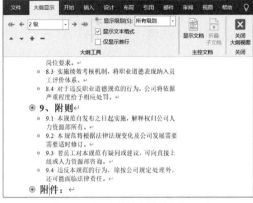
图2-15 设置其他段落的大纲级别

3 在【大纲显示】/【大纲工具】中的"显示级别"下拉列表中选择"2级"选项，查看此规范的大纲内容，如图2-16所示。确认无误后，单击【大纲显示】/【关闭】中的"关闭大纲视图"按钮 ✕ 退出大纲视图模式。

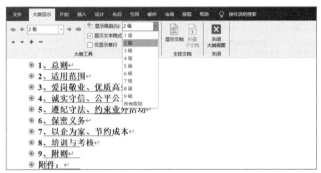
图2-16 查看大纲级别为2级的内容

> 提示：在大纲视图中设置大纲级别时，会同时为段落应用对应级别的样式，这是由于Word 2019在新建文档中会预设"标题1""标题2"等样式，而1级大纲级别对应的则是"标题1"样式，2级大纲级别对应的则是"标题2"样式。若只想调整大纲级别而不想应用样式，则可以单击【开始】/【段落】中右下角"段落设置"按钮 ⌐，打开"段落"对话框，在"大纲级别"下拉列表中进行设置。

（三）创建并应用样式

为了进一步提升文档的可读性和美观性，下面将新建"框架"样式，并为文档中大纲级别为"2级"的段落应用该样式，具体操作如下。

1 单击【开始】/【样式】中"其他"按钮 ▾，在弹出的下拉列表中选择"创建样式"选项，打开"根据格式化创建新样式"对话框，在"名称"文本框中输入"框架"，然后单击 修改(M)... 按钮，如图2-17所示。

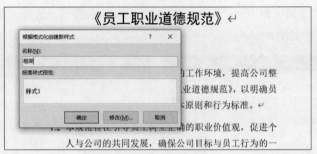

图2-17 设置样式名称

2 打开"根据格式化创建新样式"对话框，单击左下角的 格式(O)· 按钮，在弹出的下拉列表中选择"字体"选项，打开"字体"对话框，在"字体"选项卡中将字体格式设置为"华文中宋，Times New Roman，常规，五号"，完成后单击 确定 按钮，如图2-18所示。

3 返回"根据格式化创建新样式"对话框，再次单击左下角的 格式(O)· 按钮，在弹出的下拉列表中选择"段落"选项，打开"段落"对话框，在"缩进和间距"选项卡中将段落格式设置为"段前-0.5行，段后-0.5行，行距-1.5倍行距"，完成后单击 确定 按钮，如图2-19所示。

图2-18 设置字体格式

图2-19 设置段落格式

4 将文本插入点定位到"1、总则"段落中，在【开始】/【样式】中的"样式"下拉列表中选择"框架"选项，所选段落便会自动应用该样式。然后按相同方法为其他大纲级别为2级的段落应用相同的样式，如图2-20所示。

5 应用"框架"样式后，发现文档页数共5页，但最后一页只有一行文本。为了使文档看起来更加整齐、美观，考虑重新调整段落的段前与段后间距，将文档页数调整为4页。重新调整段前和段后间距的方法：在"样式"下拉列表中的"框架"样式选项上单击鼠标右键，在弹出的快捷菜单中选择"修改"选项，打开"修改样式"对话框，单击左下角的 格式(O)· 按钮，在弹出的下拉列表中选择"段落"选项，打开"段落"对话框，在"缩进和间距"选项卡中将段落格式设置为"段前-0.3行，段后-0.3行"，然后依次单击 确定 按钮，返回操作界面。此时，所有应用了"框架"样式的段落将自动调整段落格式，文档页数也由5页调整为4页，自动应用修改后的样式如图2-21所示。

图2-20　应用"框架"样式

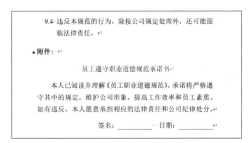

图2-21　自动应用修改后的样式

（四）插入页码和脚注

在文档中插入页码，并对特定文本添加脚注，可以方便文档使用者更好地阅读和理解文档内容，具体操作如下。

扫一扫

插入页码和脚注

1 单击【插入】/【页眉和页脚】中的"页码"按钮，在弹出的下拉列表中选择"页面底端"选项，在弹出的子列表中选择"普通数字2"选项，如图2-22所示。

2 在文档中自动插入连续的页码且确认无误后，单击【页眉和页脚】/【关闭】中的"关闭页眉和页脚"按钮退出页脚编辑状态，如图2-23所示。

图2-22　插入页码

图2-23　退出页脚编辑状态

3 选择标题文本，单击【引用】/【脚注】中的"插入脚注"按钮，在当前页面下方输入"本规范正式发布后，原规范自动作废。"如图2-24所示。

4 将鼠标指针定位到标题文本右侧的脚注标记上，此时，该标记将自动显示脚注内容，效果如图2-25所示。

图2-24　插入脚注

图2-25　查看脚注标记内容

(五)添加封面和目录

扫一扫

添加封面和目录

下面将讲解增加目录页面,并在其中插入文档的目录内容,然后为文档添加封面,具体操作如下。

1 在标题文本左侧单击鼠标左键定位文本插入点,然后按【Enter】键换行,并在空行中输入"目录",如图2-26所示。

2 再次将文本插入点定位到标题文本左侧,单击【布局】/【页面设置】中的"分隔符"按钮,在弹出的下拉列表中选择"分页符",插入分页符,如图2-27所示。

图2-26 输入"目录"

图2-27 插入分页符

> 提示:分页符可以实现强制分页的效果。在文档某处插入分页符后,分页符后面的文本将自动排版至下一页。Word 2019提供了多种分隔符,分页符只是其中一种,其他分隔符还有分栏符(自动根据文档内容的多少在适当的位置分栏)、换行符(对文档内容强制换行)、分节符(将文档内容分节,新节从下一页开始)等,插入这些分隔符的方法与插入分页符的操作类似。

3 将文本插入点定位到上一页"目录"段落下的分页符前面,单击【引用】/【目录】中的"目录"按钮,在弹出的下拉列表中选择"自定义目录"选项,打开"目录"对话框,在"格式"下拉列表中选择"正式",在"显示级别"数值框中输入"2",然后单击 确定 按钮,如图2-28所示。

4 在文本插入点处,这时插入了大纲级别为1级和2级的段落内容及其所在页面的页码,由于此文档仅设置了2级大纲级别,因此,目录中显示的只有2级大纲级别的内容,如图2-29所示。

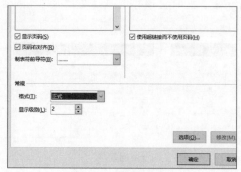

图2-28 自定义目录

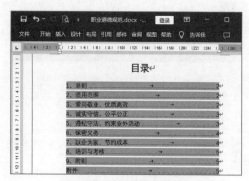

图2-29 插入目录后的效果

5 单击【插入】/【页面】中的"封面"按钮📄，在弹出的下拉列表中选择"花丝"选项，如图2-30所示。此时，将在目录页前插入所选的封面页。

6 删除页面下方的日期、公司名称、公司地址等文本框，在"文档标题"文本框和"文档副标题"文本框中输入所需的内容，然后保存文档，如图2-31所示。

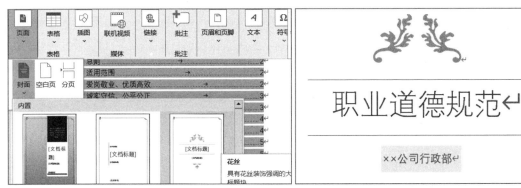

图2-30　选择封面样式　　　　　　　　　　　图2-31　输入封面文本

（六）使用通义千问解读长文档

AIGC工具不仅能改写、仿写或扩写内容，还能对文档中的内容进行解读。无论文档内容多么复杂、专业，或是文档篇幅多么大，AIGC工具都能快速且精准地解读其中的重要信息。下面将使用通义千问解读制作好的职业道德规范，具体操作如下。

扫一扫

使用通义千问解读
长文档

1 登录通义千问官网，单击页面左侧选项卡中的"效率"按钮💡，再选择右侧的"文档阅读"选项，如图2-32所示。

2 在显示的页面中单击"上传"按钮⬆️，如图2-33所示。在弹出的对话框中选择制作好的职业道德规范文档，然后单击 打开(O) 按钮进行上传。

图2-32　选择"文档阅读"选项　　　　　　　图2-33　上传文档

3 上传完成后，通义千问将开始解读上传的文档内容。解读完成后，单击"立即查看"超链接，可以看到通义千问解读出文档的概述、关键要点等信息，如图2-34所示。

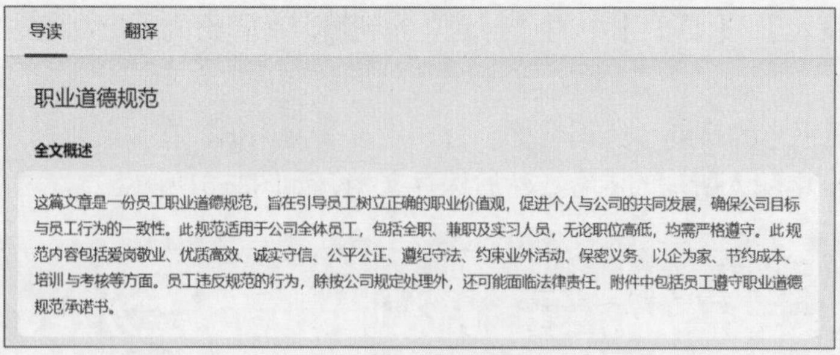

导读　翻译

职业道德规范

全文概述

这篇文章是一份员工职业道德规范，旨在引导员工树立正确的职业价值观，促进个人与公司的共同发展，确保公司目标与员工行为的一致性。此规范适用于公司全体员工，包括全职、兼职及实习人员，无论职位高低，均需严格遵守。此规范内容包括爱岗敬业、优质高效、诚实守信、公平公正、遵纪守法、约束业外活动、保密义务、以企为家、节约成本、培训与考核等方面。员工违反规范的行为，除按公司规定处理外，还可能面临法律责任。附件中包括员工遵守职业道德规范承诺书。

图2-34　解读文档

提示：单击"翻译"选项卡，在页面中选择翻译方式后，通义千问将根据设置参数对文档内容进行快速翻译。

任务二　审核文档——审核创新创业大赛新闻稿

一、任务目标

新闻稿是企事业机构或政府部门发送给媒体的通报，一般是对会议、活动或新闻事件的情况说明。为了提高可读性，新闻稿篇幅一般不长，且具有醒目的标题和图文混排的内容。需要注意的是，新闻稿的内容必须具有时效性和准确性，所使用的语言风格应避免过于主观，且尽量不使用夸张的措辞，这样才能保证新闻稿的客观性。

本任务的目标是制作一篇用于校园内部发布的新闻稿，主题为创新创业大赛，参考效果如图2-35所示。本任务将重点讲解使用AIGC工具润色和提升图片画质的方法，以及使用Word 2019审核文档等操作。

青春逐梦，创新领航

——××大学首届校园创新创业大赛圆满落幕

批注 [x1]: 副标题过于紧凑，适当加宽字符间距。

在时代的浪潮中，青春的身影永远是耀眼的。近日，××大学首届校园创新创业大赛决赛及颁奖仪式隆重举行，校党委书记王××亲临现场并发表讲话，校领导班子成员、各科室、各单位负责人出席此次活动，共同见证这场青春与智慧的盛宴。

批注 [x2]: 是否为"新时代"?

王书记在致辞中表示："创业是时代的呼唤，创新是大学的灵魂。我们希望通过这次大赛点燃同学们的创新之火，激发创业热情，培养出更多具有创新精神和实践能力的优秀人才"。

本次大赛由校团委、学工处精心策划组织，全校范围内共吸引了296298个创新创业项目团队踊跃报名。经过层层筛选、激烈角逐，最终20个创新创业优秀参赛团队脱颖而出，成功晋级决赛。

决赛现场气氛热烈，比赛采用"路演+现场答辩"的形式进行。参赛团队们纷纷亮出绝活，通过视频展示和现场路演等方式生动诠释了创新创业项目的独特魅力、创新价值及市场前景。专业评委们则针对每个项目都提出了犀利的问题，选手们从容应对，展现了出色的应变能力和专业素养。

此次大赛不仅为××大学的全体师生们提供了一个展示才华、交流学习的平台，更激发了他们的创新创业热情。通过大赛的洗礼，同学们纷纷表示要把创新精神融入日常学习和生活之中，努力成为新时代的创新型人才。

××大学首届校园创新创业大赛的成功举办，标志着学校创新创业教育迈上了新的台阶。未来，学校将继续深化创新创业教育改革，加强创新创业实践平台建设，为培养更多具有创新精神和实践能力的优秀人才贡献力量。同时，也期待更多青年才俊在创新创业的道路上勇

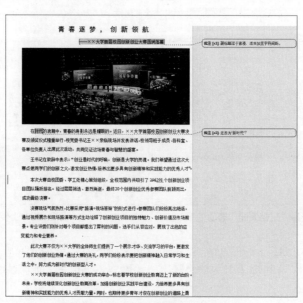

图2-35　创新创业大赛新闻稿参考效果

配套资源
素材文件：项目二\任务二\现场.jpg、原文.txt、创新创业大赛新闻稿.docx。
效果文件：项目二\任务二\创新创业大赛新闻稿.docx、现场.jpg。

二、任务技能

（一）批注的基本操作

批注可以帮助用户在文档中标记重点内容，如需要特别注意的地方、需要修正的内容等。批注内容可以与文档的具体内容绑定在一起，在不修改内容的情况下，对文档内容及时提出建议。

● **插入批注**：将文本插入点定位到文档中需要添加批注的位置，或选择需要添加批注的对象，单击【审阅】/【批注】中的"新建批注"按钮，文本插入点所在位置或所选对象的右侧将出现一个批注框，在其中可以输入批注内容，如图2-36所示。

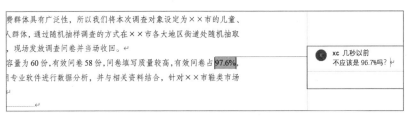

图2-36　插入批注

● **答复批注**：当审阅者在文档中添加了批注，那么文档制作者或编辑者在查看或修改文档时，就可以对审阅者的批注进行答复，从而使审阅者在复查时能知晓文档制作者或编辑者对批注的重点内容做了何种修改。答复批注时，只需单击批注框中的答复按钮，便可在批注框中输入答复的内容。

● **删除批注**：若要删除批注，只要在批注框上单击鼠标右键，在弹出的快捷菜单中选择"删除批注"选项，或将文本插入点定位到需要删除的批注中，单击【审阅】/【批注】中的"删除批注"按钮即可。

提示：单击"删除批注"按钮下方的下拉按钮，在弹出的下拉列表中选择"删除文档中的所有批注"，可一次性将文档中的所有批注全部删除。

（二）修订功能的应用

修订可以将文档修改过程的痕迹保留下来，更适合于多人编辑同一份文档时使用。例如，当甲对文档中的某处做了修订，乙重新打开该文档并查看内容时，如果认为甲所作的修订正确，则可以接受修订，此时，修订位置才能确认更改为修订内容；如果认为修订不妥，则可以拒绝修订，拒绝修订后的内容将恢复为初始内容。

● **修订文档**：单击【审阅】/【修订】中的"修订"按钮，进入文档修订模式。在该模式下。对文档所做的各种编辑痕迹都会在页面左侧以灰色的竖线显示（该竖线可以标记出修订的位置），且修改的文本也将以某种颜色（如红色、蓝色、紫色等）加下画线的方式显示，如图2-37所示。

决赛采用"路演+现场答辩"的方式进行。各参赛团队根据抽签顺序依次进行了视频展示和路演说明，详细全面介绍了创新创业项目的背景、特点、商业模式、市场前景等情况，并现场回答了专业评委提出的问题。

本次大赛进一步激发了××大学全体师生的创新创业活力，形成了关注和支持创新创业的良好氛围，推动了创新创业的教育教学改革，培养了学生的创新精神和创业意识，以及提升了学院的人才培养质量。此外，比赛中还涌现出了大量的优秀项目和团队，涉及面广、应用性

图2-37　修订文档

● **接受或拒绝修订**：当需要处理文档中的修订时，可以根据实际情况接受修订或拒绝修订。接受或拒绝修订的方法：选择需要处理的修订框，查看修订内容后，单击【审阅】/【更改】中的"接受"按钮☑可接受该条修订，单击"拒绝"按钮☒可拒绝该条修订。若单击"接受"按钮☑下方的下拉按钮，在弹出的下拉列表中选择"接受所有修订"选项，则可以一次性接受所有的修订内容；若单击"拒绝"按钮☒下方的下拉按钮，在弹出的下拉列表中选择"拒绝所有修订"选项，则可以一次性拒绝所有的修订内容。

三、任务实施

（一）使用通义千问润色文本

扫一扫

使用通义千问润色文本

如果对文档内容所使用的词语、风格等有一定的要求，就可以使用AIGC工具对文档进行润色，使文档质量得到有效提升。下面将使用通义千问对新闻稿的内容进行适当润色，具体操作如下。

1 登录通义千问官方网站，在页面下方的文本框中输入润色的要求，然后按【Shift+Enter】组合键换行，如图2-38所示。

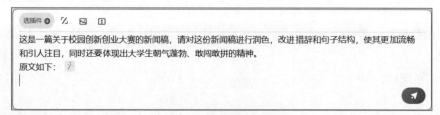

图2-38　输入润色要求

2 打开"原文.txt"素材文件，按【Ctrl+A】组合键全选文本，再按【Ctrl+C】组合键复制文本，如图2-39所示。

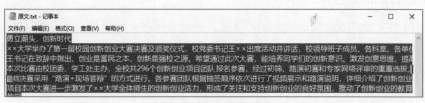

图2-39　复制新闻稿文本

3 切换到通义千问页面，在下方的文本框中按【Ctrl+V】组合键粘贴文本，然后按【Enter】键执行生成操作，得到润色的内容。确认无误后，拖曳鼠标选择润色后的所有文本内容，并按【Ctrl+C】组合键进行复制，如图2-40所示。

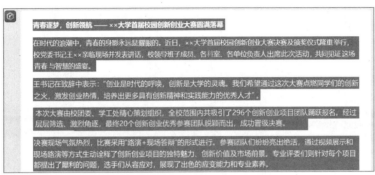

图2-40　复制润色后的文本内容

4 启动Word 2019，新建空白文档，按【Ctrl+V】组合键粘贴文本。然后根据需要在现有文本的基础上修改规范内容，并对文本的字体格式和段落格式进行适当设置，参考效果如图2-41所示（为了方便操作，本书在配套资源中已提供设置好的文档，用户可直接打开"创新创业大赛新闻稿.docx"素材文件进行使用）。

> ### 青 春 逐 梦 ， 创 新 领 航 ↵
>
> ——××大学首届校园创新创业大赛圆满落幕↵
>
> ↵
>
> 　　在时代的浪潮中，青春的身影永远是耀眼的。近日，××大学首届校园创新创业大赛决赛及颁奖仪式隆重举行，校党委书记王××亲临现场并发表讲话，校领导班子成员、各科室、各单位负责人出席此次活动，共同见证这场青春与智慧的盛宴。↵

图2-41　粘贴文本内容并设置文本格式

（二）使用Vega AI提升图片画质

下面将讲解在Vega AI中提升图片画质，然后在文档中插入处理后的图片，具体操作如下。

1 登录Vega AI官方网站，在左侧选项卡中选择"画质提升"选项，然后单击右侧的 上传图片 按钮，如图2-42所示。

扫一扫

使用Vega AI提升
图片画质

图2-42　上传图片

2 在打开的对话框中选择配套资源中的"现场.jpg"素材图片，单击 打开(O) 按钮后，返回Vega AI页面，并在其中单击 变高清 按钮，如图2-43所示。

图2-43　让图片变高清

3 图片处理完成后，单击 下载 按钮，在打开的对话框中设置图片的保存名称和位置，然后单击 下载 按钮，如图2-44所示，即可将图片下载保存至计算机中。

图2-44　下载图片

4 在"创新创业大赛新闻稿.docx"文件中，将处理后的图片插入副标题下方的空行，如图2-45所示。

图2-45　插入图片

（三）添加批注

下面将对文档中的内容和格式进行审核，在不正确或有疑问的地方添加批注，具体操作如下。

扫一扫
添加批注

1 选择副标题文本，单击【审阅】/【批注】中的"新建批注"按钮，在插入的批注框中输入"副标题过于紧凑，适当加宽字符间距。"如图2-46所示。

图2-46　插入批注并提出修改建议

2 选择图片下第一段文本中的"时代"，单击【审阅】/【批注】中的"新建批注"按钮，在插入的批注框中输入"是否为'新时代'？"如图2-47所示。此后，当其他文档编辑人员看到批注后，就会根据实际情况进行相应修改。

图2-47　插入批注并提出疑问

（四）修订文档

下面讲解将文档设置为修订模式，对文档内容进行修订的具体操作。

扫一扫
修订文档

1 单击【审阅】/【修订】中的"修订"按钮，进入文档修订模式。

2 选择正文第三段中的"296"，按【Delete】键删除。此时，该文本并没有被真正删除，而是以标红和加删除线的方式显示，如图2-48所示。

3 在当前文本插入点处输入"298"，表示把"296"修改为"298"。此时，输入的文本以标红和加下画线的方式显示，如图2-49所示。待文档其他编辑人员确认后可接受修订或拒绝修订，这里只需保存文档并完成操作。

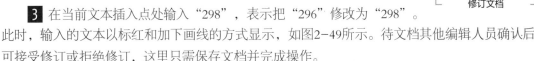

图2-48　删除文本　　　　　　　图2-49　输入修订文本

任务三　特殊排版——制作书籍捐赠倡议书

一、任务目标

倡议书是一种书面形式的文书，一般用来提出建议、意见或行动计划，并号召、鼓励或请求他人参与和支持，通常用于推动社会公益活动、引起公众关注、解决社会问题、促进某项事业的发展等场景。

本任务的目标是制作一篇关于校园书籍捐赠的倡议书，参考效果如图2-50所示。本任务将重点讲解使用AIGC工具缩写文本的方法，以及使用Word 2019设置页面属性、分栏和应用中文版式等操作。

图2-50　书籍捐赠倡议书的参考效果

配套资源

素材文件：项目二\任务三\缩写.txt、书籍捐赠倡议书.docx。

效果文件：项目二\任务三\书籍捐赠倡议书.docx。

二、任务技能

（一）页面属性的设置

利用Word 2019的"页面设置"对话框，对文档的页面属性进行设置，可以满足用户对页面不同大小、不同方向和不同页边距的需求。

- **设置页面大小**：单击【布局】/【页面设置】中的"纸张大小"按钮 ⬚，在弹出的下拉列表中选择预设的纸张大小选项。如果已有预设选项不符合需要，则可在该下拉列表中选择"其他纸张大小"选项，打开"页面设置"对话框，在"纸张"选项卡中的"宽度"数值框中自定义页面宽度值，在"高度"数值框中自定义页面高度值。
- **设置页面方向**：单击【布局】/【页面设置】中的"纸张方向"按钮 ⬚，在弹出的下拉列表中选择"纵向"或"横向"选项。
- **设置页边距**：单击【布局】/【页面设置】中的"页边距"按钮 ⬚，在弹出的下拉列表中选择预设的页边距选项。如果已有预设选项不符合需要，则可在该下拉列表中选择"自定义页边距"选项，打开"页面设置"对话框，在"页边距"选项卡中的"上""下""左""右"数值框中自定义各个方向的页边距。

（二）文档分栏

如果需要提高文档的阅读性和生动性，可以采用文档分栏的排版方式。文档分栏的方法：选择需要分栏的文本，单击【布局】/【页面设置】中的"栏"按钮 ⬚，在弹出的下拉列表中选择预设的分栏选项。如果已有预设选项不符合需要，则可在该下拉列表中选择"更多栏"选项，打开"栏"对话框，在其中自定义分栏属性，如图2-51所示。

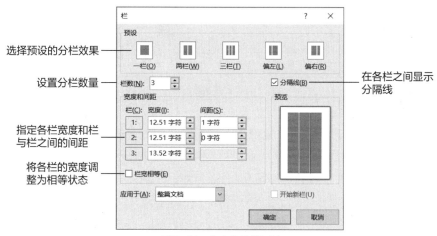

图2-51　自定义分栏属性

（三）中文版式的应用

Word 2019中有一些中文版式的设置功能，可以帮助用户快速制作出所需的中文排版版面效果。

- **纵横混排**：选择需要纵横混排的文本，单击【开始】/【段落】中的"中文版式"按钮 ⬚ ，在弹出的下拉列表中选择"纵横混排"选项，打开"纵横混排"对话框，单击选中"适应行宽"复选框，再单击 确定 按钮。此时，所选文本将纵向排列，且高度与所在行高度相匹配。若取消选中"适应行宽"复选框，再单击 确定 按钮，则所选文本在纵向排列的同时，高度将与文本自身长度相匹配。纵横混排的多种效果如图2-52所示。

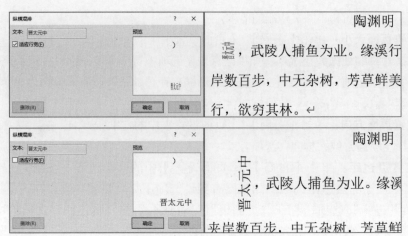

图2-52　纵横混排的多种效果

● **合并字符**：选择需要合并的字符（最多6个字符），单击【开始】/【段落】中的"中文版式"按钮 ✖，在弹出的下拉列表中选择"合并字符"选项，打开"合并字符"对话框。在"字体"下拉列表和"字号"下拉列表中设置文本合并后的字体外观和字号大小后，单击 确定 按钮，如图2-53所示。

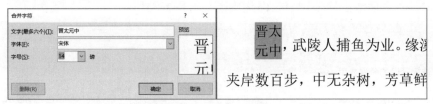

图2-53　合并字符的效果

● **双行合一**：选择需要双行合并的文本，单击【开始】/【段落】中的"中文版式"按钮 ✖，在弹出的下拉列表中选择"双行合一"选项，打开"双行合一"对话框。单击选中"带括号"复选框，并在"括号样式"下拉列表框中选择某种括号样式；若取消选中该复选框，则合并后的文本不带有括号，设置完成后单击 确定 按钮，如图2-54所示。

图2-54　双行合一的操作过程及效果

● **调整宽度**：选择需要调整字符宽度的文本，单击【开始】/【段落】中的"中文版式"按钮 ✖，在弹出的下拉列表中选择"调整宽度"选项，打开"调整宽度"对话框。在"新文字宽度"数值框中设置新的字符宽度。该宽度可小于原文字宽度，也可大于原文字宽度，设置完成后单击 确定 按钮，如图2-55所示。

图2-55 调整宽度的操作过程及效果

● **字符缩放**：选择需要设置字符缩放的文本，单击【开始】/【段落】中的"中文版式"按钮 ☒ ，在弹出的下拉列表中选择"字符缩放"选项，在弹出的子列表中选择某种字符缩放比例选项，如图2-56所示。若在该子列表中选择"其他"选项，则可打开"字体"对话框，在"高级"选项卡中的"缩放"下拉列表中手动设置字符缩放比例。

图2-56 设置字符缩放的过程

● **首字下沉**：选择需要设置首字下沉的文本，单击【插入】/【文本】中的"首字下沉"按钮 ☒ ，在弹出的下拉列表中选择所需的首字下沉选项，如图2-57所示。若在该下拉列表中选择"首字下沉选项"选项，则可打开"首字下沉"对话框，在其中可设置首字的字体、下沉行数及与正文的距离等参数。

图2-57 设置首字下沉的操作过程及效果

三、任务实施

（一）使用通义千问缩写文本

当原文内容较多时，可以使用AIGC工具对文档内容进行适当缩写，并规定缩写的程度、使用的语言风格等，就能快速得到需要的内容。下面将讲解在通义千问中缩写文本，具体操作如下。

1 打开"缩写.txt"素材文件，按【Ctrl+A】组合键全选文本，再按【Ctrl+C】组合键复制文本，如图2-58所示。

扫一扫

使用通义千问缩写文本

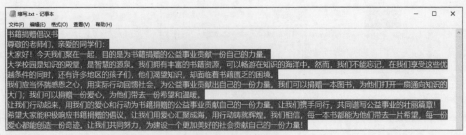

图2-58　复制文本

2 登录通义千问官方网站，在页面下方的文本框中输入缩写要求，然后按【Shift+Enter】组合键换行，如图2-59所示。

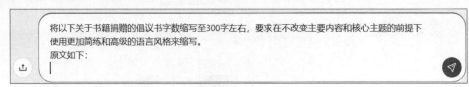

图2-59　输入要求

3 按【Ctrl+V】组合键粘贴文本，然后按【Enter】键执行生成操作。查看回复的内容，确认无误后，单击"复制"按钮 ，如图2-60所示。

行动召唤，爱心汇聚，共绘公益蓝图。手挽手，肩并肩，让我们的善行在时光中熠熠生辉，为书籍捐赠事业烙印下深刻的印记。

为此，我们诚挚呼吁，希望大家能积极响应此倡议，让爱心如潮涌动，以实践铸就辉煌篇章。我们笃信：每一本书，皆能照亮希望之路；每一份爱，皆能筑就奇迹之基。

让我们携手前行，在构筑更美明天的征途中贡献己力、共赴善举，让世界因我们的行动而更加温煦、光明！

敬请广大学子与教职员工共襄善举，以书籍之名传递爱与希望。

图2-60　复制缩写的文本

4 打开"书籍捐赠倡议书.docx"素材文件，在称谓段落下方的空行处定位文本插入点。然后按【Ctrl+V】组合键粘贴文本，并根据需要对文本内容进行适当修改，如图2-61所示（本书在配套资源中已提供设置好的文档，用户可直接打开"书籍捐赠倡议书.docx"素材文件进行使用）。

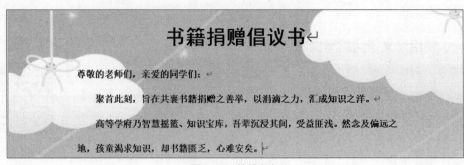

图2-61　粘贴文本

（二）缩放字符并调整字符宽度

下面将讲解对标题文本的缩放比例和字符宽度进行适当调整的操作方法。

1 选择标题文本，单击【开始】/【段落】中的"中文版式"按钮 🈁，在弹出的下拉列表中选择"字符缩放"选项，在弹出的子列表中选择"150%"，如图2-62所示。此时，标题文本将按所选比例进行缩放。

2 继续单击"中文版式"按钮 🈁，在弹出的下拉列表中选择"调整宽度"选项，如图2-63所示。

图2-62 选择缩放比例

图2-63 选择"调整宽度"选项

3 打开"调整宽度"对话框，在"新文字宽度"数值框中输入"10"后，单击 确定 按钮，如图2-64所示。

4 标题文本的字符间距发生了相应变化，如图2-65所示。

图2-64 调整字符宽度

图2-65 调整字符宽度后的效果

（三）设置双行合一

下面讲解通过设置文本的双行合一来制作"知书识礼"图章效果的操作方法，具体操作如下。

1 选择"知书识礼"文本，单击【开始】/【段落】中的"中文版式"按钮 🈁，在弹出的下拉列表中选择"双行合一"选项，如图2-66所示。

2 打开"双行合一"对话框，确认默认设置无误后，单击 确定 按钮，如图2-67所示。

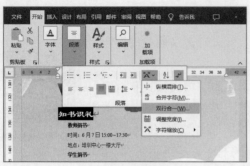

图2-66　选择文本　　　　　　　　　　　　图2-67　设置双行合一

3 创建并插入一个横排文本框，将其填充颜色和轮廓颜色均设置为"无颜色"状态，如图2-68所示。

4 选择设置双行合一后的文本，将其剪切到文本框中，并设置其字体格式为"隶书，小初，白色，背景1"，然后适当调整文本框大小，如图2-69所示。

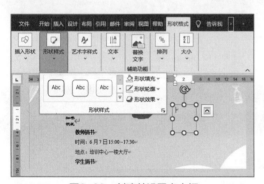

图2-68　创建并设置文本框　　　　　　　　图2-69　复制文本并设置字体格式

5 将文本框移至素材文件中自带的红色图章上，再将这两个形状组合为一个对象，如图2-70所示。

图2-70　移动并组合对象

（四）设置分栏和页面大小

在文档中可以对关于集中捐书的时间和地点文本进行分栏设置，并调整组合对象的位置和页面大小，具体操作如下。

1 选择"教师捐书"段落至文档最后的段落文本，但不要选择最后的段落标记，然后单击【布局】/【页面设置】中的"栏"按钮 ▥，在弹出的下拉列表中选择"两栏"选项，如图2-71所示。

2 将前面组合的对象拖曳至两栏内容的中间位置，将两栏内容隔开，如图2-72所示。

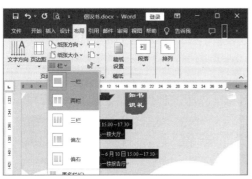

图2-71　设置分栏

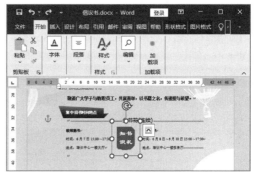

图2-72　移动组合对象

3 将文本插入点定位到文档中的任意位置，单击【布局】/【页面设置】中的"纸张大小"按钮 ▯，在弹出的下拉列表中选择"其他纸张大小"选项，如图2-73所示。

4 打开"页面设置"对话框，在"纸张"选项卡中的"高度"数值框中输入"27厘米"，在下方的"应用于"下拉列表中选择"整篇文档"选项，然后单击 确定 按钮完成操作，如图2-74所示。

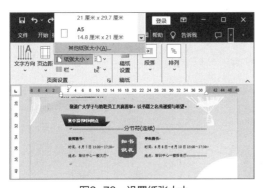

图2-73　设置纸张大小

图2-74　调整页面高度

🔊 提示：分栏时如果选择了最后一个段落标记，则分栏后的效果会将左栏排满内容，剩余的内容再排在右栏，而不像上述操作中出现左右对齐的效果。另外，分栏后，Word 2019会在分栏处插入分节符，因此，在设置页面大小时需要应用于整篇文档，否则就会将默认设置的页面大小仅应用于当前节。

任务四　批量制作文档——制作国画展邀请函

一、任务目标

邀请函是在举办各类活动、庆典、聚会等场合中，用以邀请亲朋好友、合作伙伴、客户等宾客前来参加的请约性书信，无论是官方场合、学术活动、商务活动，还是各种文化娱乐等社交活动，都适合使用邀请函向宾客发出邀请。

本任务的目标是批量制作多封国画展邀请函，参考效果如图2-75所示。本任务将重点讲解使用AIGC工具组织邀请函内容的方法，并使用Word 2019的邮件合并功能实现批量制作等操作。

图2-75　国画展邀请函参考效果

配套资源

素材文件：项目二\任务四\基本信息.txt、名单.txt、邀请函.docx。
效果文件：项目二\任务四\邀请函.docx、邀请函名单.docx。

二、任务技能

（一）认识定界符

使用Word 2019的邮件合并功能批量制作文档时，需要用到文本文件、Excel表格或数据库中保存的数据作为数据源。比如，使用文本文件，文本文件第一行数据应当为列标题，即域名，域名之间需要用定界符（确定界限的符号）分隔，常用的定界符有制表符（按【Tab】键输入）、逗号等。文件的其余各行应包含相应的数据记录，每行之间也需要用定界符进行分隔。常用的定界符包括段落标记，定界符的指定方式如图2-76所示。

图2-76　定界符的指定方式

提示：当文本文件中域名和记录的定界符正确无误时，使用邮件合并功能时就不会弹出图2-76所示的"域名记录定界符"对话框，而是由Word 2019自动完成域名的指定操作。

（二）邮件合并的应用

Word 2019的邮件合并功能可以批量处理文档。它通过插入域并引用数据源，能够快速制作多个文档，其中目标位置的内容会根据域和数据源的变化自动更新，而其他文本则固定不变。这一功能非常适用于批量制作邮件、请柬、邀请函、奖状等仅有少量内容需要变动的文档。

1. 指定数据源

指定数据源的目的是进行邮件合并时有可用的数据，只有指定了数据源，才能在文档中插入合并域。这里以文本文件为例，指定数据源的方法：单击【邮件】/【开始邮件合并】中的"选择收件人"按钮，在弹出的下拉列表中选择"使用现有列表"选项；打开"选取数据源"对话框，选择数据源所在的文本文件后，单击 打开(O) 按钮，打开"文件转换"对话框，如图2-77所示。此时，Word 2019将自动识别内容编码，然后直接单击 确定 按钮。

图2-77 "文件转换"对话框

2. 插入合并域

指定了数据源后，便可在文档中的目标位置插入合并域。插入合并域的方法：将文本插入点定位到目标位置或选择目标文本，单击【邮件】/【编写和插入域】中的"插入合并域"按钮下方的下拉按钮，在弹出的下拉列表中选择域选项。

3. 预览与合并文档

插入合并域后，还可预览文档效果，确认无误后则执行合并文档操作，实现文档的批量制作。预览与合并文档的方法：单击【邮件】/【预览结果】中的"预览结果"按钮，进入预览状态，插入的合并域将显示数据源列表中的第一条记录，单击"预览结果"组中的"下一记录"按钮将显示下一条记录。确认内容无误后，单击【邮件】/【完成】中的"完成并合并"按钮，在弹出的下拉列表中选择"编辑单个文档"选项，打开"合并到新文档"对话框，如图2-78所示，单击选中"全部"单选项，然后单击 确定 按钮便可执行批量制作文档的操作。

图2-78 "合并到新文档"对话框

提示：批量制作的文档将以新文档的方式打开，因此，需要单独对批量制作的每个文档执行保存操作，再执行打印等其他操作。

三、任务实施

扫一扫

使用通义千问组织
邀请函内容

（一）使用通义千问组织邀请函内容

我们可以使用AIGC工具以邀请函中的信息为基础来组织邀请函内容，得到所需的文本。下面使用通义千问组织邀请函的内容，具体操作如下。

1 打开"基本信息.txt"素材文件，按【Ctrl+A】组合键全选文本，再按【Ctrl+C】组合键复制文本，如图2-79所示。

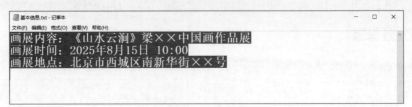

图2-79　复制文本

2 登录通义千问官方网站，在页面下方的文本框中输入要求，然后按【Shift+Enter】组合键换行，如图2-80所示。

图2-80　输入要求

3 按【Ctrl+V】组合键粘贴文本，然后按【Enter】键执行生成操作。查看生成的内容，确认无误后复制文本，如图2-81所示。

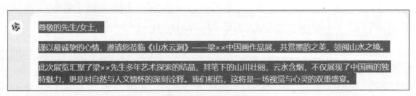

图2-81　复制文本

4 打开"邀请函.docx"素材文件，在称谓段落下方的空行处定位文本插入点。然后按【Ctrl+V】组合键粘贴文本，并根据需要对文本内容进行适当修改，如图2-82所示（本书在配套资源中已提供设置好的文档，用户可直接打开"邀请函.docx"素材文件进行使用）。

图2-82　粘贴文本

（二）创建文本文件格式的数据源

下面将新建文本文件，并在其中输入具有正确定界符的数据源（本书提供"名单.txt"素材文件，用户可直接使用），具体操作如下。

扫一扫

创建文本文件格式的
数据源

1 使用任务栏中的"搜索"按钮🔍搜索并打开"记事本"程序（也可在"开始"菜单中"W"栏中的"Windows附件"选项下启动该程序），在空白文件中输入"姓名"，按【Tab】键输入制表符作为域名的定界符，然后继续输入"称谓"，再按【Enter】键作为行的定界符，如图2-83所示。

2 输入第一位宾客的姓名，按【Tab】键，继续输入"先生"。然后按【Enter】键换行，并按相同方法输入其他宾客的姓名和对应的称谓，最后按【Ctrl+S】组合键，将该文本文件以"名单.txt"为名进行保存，如图2-84所示。

图2-83　输入列标题

图2-84　输入每一行的记录

（三）指定数据源并插入域

下面将在"邀请函.docx"文档中指定数据源，并插入合并域，具体操作如下。

扫一扫

指定数据源并插入域

1 在"邀请函.docx"文档中单击【邮件】/【开始邮件合并】中的"选择收件人"按钮👥，在弹出的下拉列表中选择"使用现有列表"选项，如图2-85所示。

2 打开"选取数据源"对话框，选择"名单.txt"素材文件，单击
打开(O) 按钮，如图2-86所示。

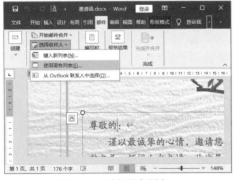

图2-85　使用现有列表

图2-86　指定文本文件

3 在弹出"文件转换-名单.txt"对话框后，Word 2019将自动识别出内容编码，保持默认

设置不变，单击 确定 按钮，如图2-87所示。

④ 将文本插入点定位到"尊敬的"右侧，单击【邮件】/【编写和插入域】中"插入合并域"按钮▦下方的下拉按钮⌄，在弹出的下拉列表中选择"姓名"选项，如图2-88所示。

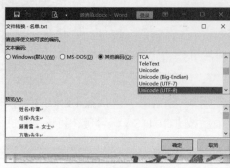
图2-87 保持默认设置

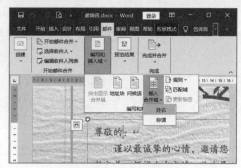
图2-88 插入姓名域

⑤ 单击"插入合并域"按钮▦下方的下拉按钮⌄，在弹出的下拉列表中选择"称谓"选项，如图2-89所示。

⑥ 完成合并域的插入操作后，效果如图2-90所示。若需要强调域对应的内容，可单独选择域文本，并对其字体格式进行设置。

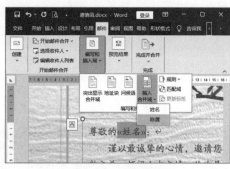
图2-89 插入称谓域

图2-90 插入合并域后的效果

（四）预览及合并文档

扫一扫

预览及合并文档

下面将逐页预览每张邀请函的内容，确认无误后开始合并文档，完成邀请函，具体操作如下。

① 单击【邮件】/【预览结果】中的"预览结果"按钮🔍，进入预览状态。此时，插入的合并域将显示"名单.txt"文本文件中的第一条记录，如图2-91所示。

② 单击"预览结果"组中的"下一记录"按钮▶，显示"名单.txt"文本文件中的下一条记录，如图2-92所示。

③ 继续单击"下一记录"按钮▶，逐页浏览邀请的宾客名单信息，直至显示"名单.txt"文本文件中的最后一条记录为止，如图2-93所示。

④ 确认无误后，单击【邮件】/【完成】中的"完成并合并"按钮🗎，在弹出的下拉列表中选择"编辑单个文档"选项，如图2-94所示。

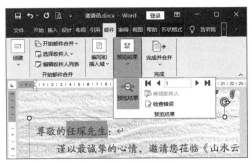

图2-91 预览记录

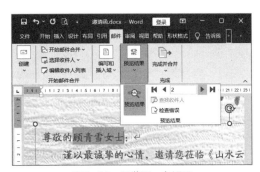

图2-92 预览下一条记录

图2-93 预览所有记录

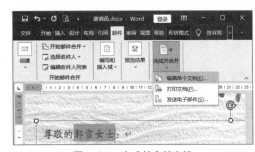

图2-94 完成并合并文档

5 打开"合并到新文档"对话框，选中"全部"，单击 确定 按钮，如图2-95所示。

6 合并后的记录将在"信函1.docx"文档中显示。将该文档以"邀请函名单.docx"为名进行保存，如图2-96所示。

图2-95 合并全部记录

图2-96 保存文档

项目实训

实训1 制作学生会管理办法

一、实训要求

为了加强学生会组织建设、规范学生会工作，现需要制作一篇学生会管理办法，要求该文档具有可读性和层次性，同时还要有页眉、页脚、封面与目录等格式，参考效果如图2-97所示。

第一章 总则

第一条 为了加强学生会组织建设，规范学生会工作，保障学生会的合法权益，充分发挥学生会在自我教育、自我管理、自我服务、自我监督等方面的作用，现根据《中华人民共和国高等教育法》《普通高等学校学生会组织规定》等相关规定，并结合我校实际情况，特制定本办法。

第二条 学生会是在校党委领导下、校团委指导下，全体在校生进行自我教育、自我管理、自我服务、自我监督的群众性组织。

第三条 学生会遵循和贯彻党的教育方针，团结和引导广大学生德、智、体、美全面发展，成为热爱祖国、符合新时代中国特色社会主义事业要求的合格人才。

第四条 学生会的基本任务。

（一）发挥联系学校与学生的桥梁和纽带作用，参与学校有关学生事务的民主管理，维护学生的合法权益；

（二）倡导和组织学生进行自我教育、自我管理、自我服务、自我监督，开展健康有益、丰富多彩的课外活动和社会服务，努力为学生服务；

（三）加强学生会自身组织建设，提高学生会的凝聚力和战斗力；

（四）发展与兄弟院校学生会的交流与合作，增进了解、传递友谊。

第二章 组织和职责

第五条 学生会的组织原则：民主集中制。

第六条 学生会的最高权力机构为全校学生代表大会（以下简称"学代会"）。学代会代表由全校学生民主选举产生，学代会选举产生学生会委员会（以下简称"常委会"）。

第七条 常委会是学代会闭会期间的最高权力机构，负责学生会的日常工作。常委会设主席一名，副主席若干名，秘书长一名。主席负责召集常委会会议，检查常委会决议的执行情况，对外代表学生会。

2 / 4

图2-97　学生会管理办法的部分内容

配套资源▷

素材文件：项目二\项目实训\学生会管理办法框架.txt、学生会管理办法.docx。

效果文件：项目二\项目实训\学生会管理办法.docx。

二、实训思路

扫一扫

制作学生会管理办法

（1）以提供的"学生会管理办法框架.txt"文本文件为基础，利用通义千问扩写内容（本书已提供好扩写的内容，用户可打开"学生会管理办法.docx"素材文件直接使用）。

（2）将标题文本的字体格式设置为"黑体，三号"，段落格式设置为"居中"。

（3）创建"章"样式，要求：字体格式设置为"黑体，小四"，段落格式设置为"居中，大纲级别2级，段前1行，段后1行"，然后对编号为"第一章""第二章""第三章"……的段落应用此样式。

（4）创建"条"样式，要求：字体格式设置为"宋体，五号"，段落格式设置为"悬挂缩进3.5字符，段前0.2行，段后0.2行，1.5倍行距"，然后对编号为"第一条""第二条""第三条"……的段落应用此样式。

（5）创建"款"样式，要求：字体格式设置为"宋体，五号"，段落格式设置为"首行缩进2字符，段前0.2行，段后0.2行，1.5倍行距"，然后对编号为"（一）""（二）""（三）"……的段落应用此样式。

（6）添加页眉，内容为"学生会管理办法"，居中显示；添加页脚，居中插入页码，样式为预设的"X/Y"。

（7）在标题文本前插入分页符，在前一页输入"目录"，然后插入格式为"正式"的2级目录。

（8）插入"镶边"样式的封面，将文档标题设置为"学生会管理办法"，在封面下方的文本框中输入"××大学经贸管理学院"，然后删除多余内容。

实训2　制作弘扬工匠精神的宣传页

一、实训要求

为了弘扬工匠精神，培养学生精益求精、追求卓越的优秀品质，校学生会宣传部准备制作一份关于弘扬工匠精神的宣传页，现需要通过特殊的排版方式来更好地呈现页面效果，参考效果如图2-98所示。

图2-98　弘扬工匠精神宣传页参考效果

配套资源

素材文件：项目二\项目实训\弘扬工匠精神原文.txt、弘扬工匠精神.docx。

效果文件：项目二\项目实训\弘扬工匠精神.docx。

二、实训思路

（1）以提供的"弘扬工匠精神原文.txt"文本文件为基础，利用通义千问缩写内容（本书已提供好缩写的内容，用户可打开"弘扬工匠精神.docx"素材文件直接使用）。

扫一扫

制作弘扬工匠
精神宣传页

（2）将页面方向设置为"横向"，将页面高度设置为"15.6"，然后调整图片的环绕方式为"衬于文字下方"，并将其大小铺满整个页面。

（3）将文档中所有文本的字体格式设置为"方正北魏楷书简体，小四，加粗，白色，背景1，阴影效果–偏移右下"，段落格式设置为"首行缩进2字符"。

（4）在文本开始处定位文本插入点，按2次【Enter】键换行，为标题文本空出位置。

（5）插入艺术字，样式为预设的倒数第2种样式。输入"弘扬工匠精神"后，将字体格式设置为"方正美黑简体，小初"，字符缩放比例设置为"200%"。最后，精确调整艺术字位置，使其位于文本上方，且居于页面正中。

（6）选择正文文本，将其设置为3栏显示，并显示分隔线。

（7）选择第一段正文文本，设置"首字下沉"，下沉行数为"2"，然后拖曳下沉后的文本，适当调整其位置。

（8）插入文本框，输入部门和日期，字体格式设置与正文格式相同，对齐方式设置为"右对齐"，然后将其放置于页面右下方。

强化练习

练习1 制作并审核校园安全手册

在通义千问中改写"安全手册原文.txt"文本文件中的内容，然后通过设置格式、应用样式、调整页面、插入页眉页脚、插入目录和封面等操作制作校园安全手册，并使用批注对有疑问的内容进行说明，参考效果如图2-99所示。

图2-99　校园安全手册的部分内容

练习2　批量制作创新创业大赛获奖证书

在通义千问中仿写"获奖证书原文.txt"文本文件中的内容，然后通过设置格式、调整页面和邮件合并等操作批量制作创新大赛获奖证书，参考效果如图2-100所示。

图2-100　创新创业大赛获奖证书参考效果

PART 3

项目三
Excel 2019 基础操作

项目导读

  Excel 2019是一款电子表格制作与处理软件，被广泛应用于数据记录、数据计算、数据分析及数据可视化等多个方面。

  在数字化时代，无论是在工作还是在学习中，Excel表格都发挥着重要作用。例如，项目经理可以使用Excel表格制作项目进度表、财务人员可以使用Excel表格管理财务数据、学生可以使用Excel表格制作课程表和复习计划表、教师可以使用Excel表格管理学生信息和考试成绩。学会制作与管理Excel表格，用户可以更高效地管理和处理各种数据。

  本项目将结合AIGC工具，全面介绍Excel 2019的各种基础操作，帮助用户掌握表格的基本制作与美化方法。

学习目标

- 了解Excel 2019的操作界面。
- 了解工作簿、工作表和单元格这几个重要对象。
- 掌握数据的多种输入方法。
- 掌握单元格的美化操作。
- 掌握数据的编辑方法。
- 掌握工作表的基本操作。

素养目标

- 树立规范意识，培养严谨的职业素养。
- 激发创新意识，鼓励探索解决办公应用场景问题的新方案。

任务一　认识Excel 2019

一、任务目标

Excel 2019是Office 2019办公软件中的表格制作与处理组件，它为用户提供了一个结构化平台，可以输入、存储和组织数据，并且Excel 2019内置了大量函数和分析工具，可以帮助用户执行复杂的数据分析操作，如统计分析、财务分析、数据预测等。同时它还提供了许多图表和图形工具，以便用户将数据转换为易于理解的视觉表示。

本任务的目标主要是认识Excel 2019的操作界面，并理解工作簿、工作表和单元格这3种不同的对象，从而为后面的学习打下基础。

二、任务实施

（一）认识Excel 2019的操作界面

Excel 2019的操作界面由"文件"菜单、标题栏、快速访问工具栏、控制按钮、功能区、选项卡、智能搜索框、编辑区、状态栏等部分组成。除了编辑区外，其他部分的作用与Word 2019相同部分的作用基本相同，这里重点介绍Excel 2019编辑区各部分的名称和功能，如图3-1所示。

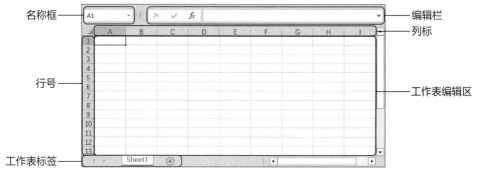

图3-1　Excel 2019操作界面中的编辑区

● **名称框**：名称框用于显示所选单元格的名称。例如，选择图3-1中的A1单元格（即第一行与A列交会处的单元格）时，名称框中便会显示出该单元格的名称。另外，在编辑栏中输入"="号后，名称框将变为函数库，从中可以选择需要使用的函数。

● **编辑栏**：编辑栏用于显示和输入各种数据，也可显示和输入公式与函数等。选择单元格后，在编辑栏中单击鼠标左键定位文本插入点，然后可输入所需的内容。同时，编辑栏左侧的3个按钮将被激活，单击"取消"按钮×可以取消输入的内容；单击"输入"按钮✔可以确认输入的内容；单击"插入函数"按钮ƒx将打开"插入函数"对话框，在其中可以选择需要的函数。

● **行号**：行号用于标记单元格的位置，也可用于选择单行或多行单元格。行号用于标记工作表中的行，以1、2、3、4……的形式为每一行编号。单击某个行号便可选择该行所有的单元格，在行号上按住鼠标左键并上下拖曳，可选择多行。

● **列标**：列标同样用于标记单元格的位置，也可用于选择单列或多列单元格。列标用于标记工作表中的列，以A、B、C、D……的形式为每一列编号。单击某个列标便可选择该列所有单元格，在列标上按住鼠标左键并左右拖曳可选择多列。

● **工作表编辑区**：工作表编辑区显示的是一张工作表。该张工作表由若干单元格组成，用户可以在其中对单元格进行各种编辑操作，如输入数据、复制数据、填充数据、美化单元格等。

● **工作表标签**：工作表标签用于显示当前工作簿中的工作表名称，如图3-2所示。利用工作表标签也可实现插入新工作表或切换到其他工作表等功能。

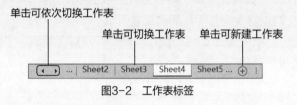

图3-2　工作表标签

（二）区分工作簿、工作表和单元格

工作簿、工作表和单元格是Excel 2019中最基础也是最重要的3个概念。它们各有区别又相互联系，理解这些概念有助于用户更好地使用Excel 2019。

● **工作簿**：工作簿是一个文件，计算机上扩展名为.xlsx 的文件都是工作簿。一个工作簿就是一个独立的实体，包含相关的数据、图表等内容。工作簿是管理和组织数据的最高层级，类似于一个文件夹，包含多个"页面"，每个"页面"都是一个工作表。

● **工作表**：工作表是工作簿中一个单独的表格，由若干单元格组成。每个工作表可以独立命名，用于组织和显示不同类型的数据。工作表可以包含文本、数字、公式、图表、图像等多种类型的数据。一个工作簿中可以包含多个工作表，用户可以在这些工作表之间来回切换，以便查看或编辑数据。

● **单元格**：单元格是Excel 2019中的基本存储单元，可以包含文本、数字、日期、时间、公式等内容。单元格可以被单独引用，也可以组合成数据区域进行数据处理。同时，也可以对单元格内的文字内容进行格式设置，包括设置字体、颜色、对齐方式、边框等。

总的来说，工作簿可以包含多个工作表，每个工作表由多个单元格组成，它们的关系如图3-3所示。

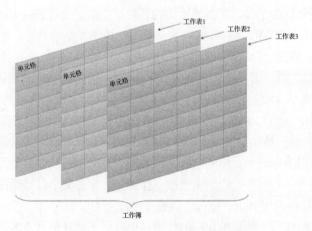

图3-3　工作簿、工作表和单元格的关系

任务二 输入与美化数据——制作图书借阅排名表

一、任务目标

图书借阅排名表是一种记录和展示图书借阅情况的表格，通常会按照借阅次数对图书进行排序。读者通过这个排名表可以了解到哪些图书更受欢迎，从而作为选择阅读材料的参考。排名表可以增加这些图书的流通率，鼓励读者探索不同类型的图书。同时，排名表上的图书往往能激发读者的好奇心，促使他们阅读更多图书，提高自己的阅读量。

本任务的目标是制作一张校园图书馆的图书借阅排名表，参考效果如图3-4所示。本任务将重点讲解使用AIGC工具了解表格框架的方法，以及输入数据、美化单元格等操作。

图书借阅排名表

排名	书名	图书编号	作者	类别	出版社	出版年份	借阅次数	学生评语
1	极简中国书法史	275817282897787	刘涛	艺术	人民美术出版社	2014	125	深入浅出，适合初学者
2	世界美术名作二十讲	257065979163180	傅雷	艺术	生活·读书·新知三联书店	2022	118	详细深入、学术性强
3	江南古典私家园林	200448553045919	阮仪三	艺术	译林出版社	2009	115	图文并茂，增加鉴赏能力
4	美丽的化学结构	108744926171013	梁琰	自然科学	清华大学出版社	2016	112	美丽与知识的结合
5	瓦尔登湖	859123882820491	[美]梭罗	文学	译林出版社	2010	108	清新自然、思考人生
6	简·爱	283604626689814	[英]夏洛蒂·勃朗特	文学	上海文艺出版社	2007	105	情感深刻，引人入胜
7	谈美	291791543419385	朱光潜	艺术	东方出版中心	2016	98	美学入门，启迪思维
8	科学大师的失误	391991556480093	杨建邺	自然科学	湖北科学技术出版社	2013	95	科普佳作，揭示科研趣事
9	海陆的起源	325418143065753	[德]魏格纳	自然科学	北京大学出版社	2006	90	开拓视野，了解地球
10	突出重围	129234779374185	柳建伟	文学	人民文学出版社	1998	88	情节紧凑，震撼人心
11	青春万岁	192342128335370	王蒙	文学	人民文学出版社	2003	85	青春激昂，文字优美
12	物理定律的本性	431068698807135	[美]P.R.费曼	自然科学	湖南科学技术出版社	2005	83	物理世界的诗意阐释
13	华君武漫画选讲	107243762129193	华君武	艺术	上海人民美术出版社	1980	80	幽默中蕴含深意
14	科学发现纵横谈	836230438776859	王梓坤	自然科学	中国少年儿童出版社	2005	78	科学与哲学的交融
15	艺海拾贝	505406408162350	秦牧	文学	上海文艺出版社	2004	75	文艺评论的经典之作
16	数学家的眼光	137951082049507	张景中	自然科学	中国少年儿童出版社	2007	73	数学之美，通俗易懂
17	设计，无处不在	189820355083783	[美]赫斯科特著/丁珏译	艺术	译林出版社	2013	70	设计思维的启蒙读物
18	居里夫人文选	777969262594143	[法]玛丽·居里	自然科学	北京大学出版社	2010	68	科学家的人文情怀
19	天工开物	742632773761269	(明)宋应星	自然科学	北京文艺出版社	2023	65	古代科技的集大成之作
20	焰火	631796460481324	李东华	文学	长江文艺出版社	2021	63	文字炽热，情感充沛

图3-4 图书借阅排名表参考效果

配套资源

素材文件：项目三\任务二\图书借阅排名表.xlsx。

效果文件：项目三\任务二\图书借阅排名表.xlsx。

二、任务技能

（一）数据的输入

输入数据是制作与编辑表格的重要环节。除了基础的输入方法外，为了提高输入的准确率和效率，还可以利用Excel 2019的一些功能辅助数据的输入。

1. 输入各种类型的数据

选择需要输入数据的单元格，直接输入数据后按【Enter】键，此时，将确认输入并自动选择与当前单元格下方相邻的单元格；在输入数据后按【Tab】键将在确认输入的同时，自动选择与当前单元格右侧相邻的单元格；在输入数据后若按【Ctrl+Enter】组合键，将在确认输入的同时保持当前单元格的选择状态。具体按哪个按键可根据个人输入习惯或当时的输入情况来灵活选择。

另外，也可以双击单元格，在其中定位文本插入点以添加数据，或通过拖曳鼠标来选择错误的内容再进行数据修改等。

在Excel 2019中输入不同类型的数据有不同的方法，且数据输入后的显示效果也有所不同，具体如表3-1所示。

表 3-1　输入不同类型数据的方法与效果

类型	举例	输入方法	单元格显示	编辑栏显示
文本	销售额	直接输入	销售额，左对齐	销售额
正数	2025	直接输入	2025，右对齐	2025
负数	-2	输入"-"号，然后输入"2"，即"-2"；或输入英文状态下的"( )"号，并在括号中输入"2"，即"(2)"	-2，右对齐	-2
小数	3.14	依次输入整数位、小数点和小数位	3.14，右对齐	3.14
百分数	100%	依次输入数据和百分号，其中百分号可利用【Shift+5】组合键输入	100%，右对齐	100%
分数	$2\frac{1}{5}$	依次输入整数部分（真分数则输入"0"）、空格、分子、"/"号和分母	2 1/5，右对齐	2.2
日期	2025 年 7 月 5 日	依次输入年、月、日，中间用"-"号或"/"号连接	2025/7/5，右对齐	2025/7/5
时间	12 点 5 分 15 秒	依次输入时、分、秒，中间用英文状态下的"："号连接	12:05:15，右对齐	12:05:15
货币	¥100	依次输入货币符号和数据，中文输入法状态下按【Shift+4】组合键可输入人民币符号	¥100，右对齐	100

提示：选择单元格后，还可在编辑栏中输入数据，单元格中会显示与输入内容一致的内容。这种方法一般用于输入与修改公式或函数的情况。

2. 选择输入

输入数据时，如果某些单元格中待输入的内容比较固定，如"性别"列输入的内容只包含"男"或"女"，此时，可以通过创建下拉列表来选择所需选项进行输入，以提高数据输入的准确性。选择输入的方法：选择需要输入性别数据的单元格区域，单击【数据】/【数据工具】中的"数据验证"按钮，打开"数据验证"对话框，在"设置"选项卡中的"允许"下拉列表中选择"序列"选项，在"来源"文本框中输入序列内容，中间用英文格式下的"，"隔开，如"男,女"，完成后单击 确定 按钮。此时，在输入数据时，只需选择单元格，单击该单元格右侧出现的下拉按钮，在弹出的下拉列表中选择需要的选项就可以完成数据输入，如图3-5所示。

图3-5 通过选择的方式输入数据

3. 设置数据验证

如果输入的数据有一定的范围限制，如成绩需要在"0～100"、年龄数据不能小于"0"等。在输入这类数据时，可以通过限制数据输入范围来提高输入的准确性，若输入超出范围的数据，则Excel 2019将及时提醒用户，避免误操作。设置数据验证的方法：选择需要输入数据的单元格或单元格区域，单击【数据】/【数据工具】中的"数据验证"按钮，打开"数据验证"对话框，在"设置"选项卡中的"允许"下拉列表中选择验证条件。比如，需要满足成绩在"0～100"，可以进行下面的操作：选择"整数"选项，在"数据"下拉列表中设置数据条件，选择"介于"选项。此时，可以设置最小值和最大值，分别设置最小值为"0"、最大值为"100"，如图3-6所示。单击"出错警告"选项卡，在"样式"下拉列表中可设置警告方式，包括"停止""警告""信息"等。在"标题"文本框中可输入警告标题，在"错误信息"列表框中可输入提示信息，如图3-7所示。此后，当用户在设置数据验证的单元格或单元格区域中输入范围以外的数据时，Excel 2019将提示输入错误，如图3-8所示。

图3-6 设置验证参数

图3-7 设置警告内容

图3-8 提示输入错误

提示：Excel 2019提供了3种出错警告样式：设置为"停止"样式时，当输入错误数据后，单击提示对话框中的 重试(R) 按钮可以重新输入，但不允许输入错误数据；设置为"警告"样式时，当输入错误数据后，单击提示对话框中的 是(Y) 按钮可允许输入错误数据，单击 否(N) 按钮可重新输入；设置为"警告"样式时，当输入错误数据后，单击提示对话框中的 确定(O) 按钮可允许输入错误数据。

4. 快速填充数据

在Excel 2019中可以通过序列功能快速填充等差序列、等比序列，以及日期等数据，提高数据的输入效率。快速填充数据的方法：在序列所在的起始单元格中输入起始数据，然后选择序列所在的单元格区域，单击【开始】/【编辑】中的"填充"按钮，在弹出的下拉列表中选择"序列"选项，打开"序列"对话框，在"类型"栏中单击选中序列对应的类型单选项，这里单击选中"日期"单选项，在"日期单位"栏中进一步设置填充的日期单位，这里单击选中"月"单选项，在"步长值"文本框中输入序列中每个数据之间的间隔，即步长，完成后单击 确定 按钮，如图3-9所示。

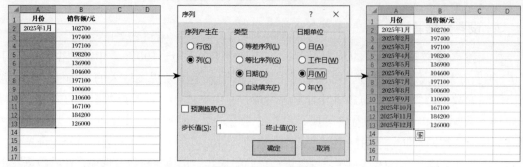

图3-9　快速填充数据

> 提示：在单元格中输入数据，如"1"，然后选择该单元格，按住【Ctrl】键的同时，拖曳该单元格右下角的填充柄，可以向选中的单元格中填充步长值为"1"的等差序列，直接拖曳填充柄则可向选中的单元格中填充相同数据；在单元格中输入"1"，在下方相邻的单元格中输入序列中的第2个数据，如"3"，然后选择这两个单元格，拖曳右下角的填充柄。此时，可以向选中的单元格中填充步长值为"2"的等差序列，按此方法还可以填充其他等差序列或等比序列。

（二）美化单元格

美化单元格的目的在于更好地呈现数据内容，主要包括设置与美化数据本身及设置与美化数据所在单元格两个方面的内容。下面将介绍相关操作。

1. 设置数据类型

为了提高操作效率，人们在输入数据时，往往会采取先输入普通数据，然后再设置数据类型的方式。Excel 2019可以设置多种数据类型，如数值型、货币型、会计专用型、日期型等数据。以设置货币型数据为例，其方法：选择数据所在的单元格或单元格区域，单击【开始】/【数字】中右下角的"数字格式"按钮，打开"设置单元格格式"对话框，在"数字"选项卡中的"分类"列表框中选择"货币"选项，在"小数位数"数值框中将数值设置为"1"，在"货币符号（国家/地区）"下拉列表框中选择"¥"选项，完成后单击 确定 按钮，如图3-10所示。

图3-10　将数据类型设置为货币型

2. 美化数据

美化数据可以有效提升表格的可读性和层次性，主要包含字体设置和对齐方式设置两个方面。美化数据的方法：选择需要进行美化的数据所在的单元格或单元格区域，在【开始】/【字体】和【开始】/【对齐方式】中利用相应的参数进行设置，各参数的作用如图3-11所示。

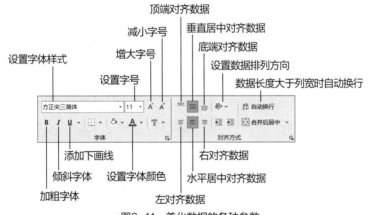

图3-11　美化数据的各种参数

3. 合并单元格

合并单元格是指将连续的多个单元格合并为一个单元格。合并单元格的方法：选择连续的单元格区域，单击【开始】/【对齐方式】中的"合并后居中"按钮，此时，所选单元格区域将合并为一个单元格，且单元格中的数据居中显示。

4. 添加边框和底纹

边框和底纹的添加针对的是单元格而不是单元格中的数据。这样一方面是为了美化表格，另一方面也能凸显重要数据。添加边框和底纹的方法：选择需要添加边框或底纹的单元格或单元格区域，单击【开始】/【字体】中"边框"按钮右侧的下拉按钮，在弹出的下拉列表中选择"边框"栏中的某种边框选项，快速为所选单元格或单元格区域添加边框；单击【开始】/【字体】中填充颜色按钮🖌️右侧的下拉按钮﹀，在弹出的下拉列表中选择某种颜色选项，快速为所选单元格或单元格区域添加底纹。

如果要精确设置边框和底纹效果，则需要添加边框和底纹的单元格或单元格区域，单击【开始】/【字体】中右下角的"字体设置"按钮🡦，打开"设置单元格格式"对话框，单击"边框"选项卡，在其中设置边框效果；单击"填充"选项卡，在其中设置底纹填充效果，设置完成后单击 确定 按钮，如图3-12所示。

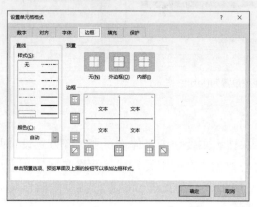
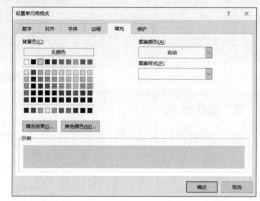

图3-12 精确设置边框和底纹

5. 设置单元格行高与列宽

单元格的行高与列宽将直接影响数据的显示与表格的美观。为了便于数据处理与分析，我们可以对单元格的行高与列宽进行调整。设置单元格行高与列宽的方法：将鼠标指针移至需调整行高的单元格所对应的行号下方，当鼠标指针变为╪形状时，按住鼠标左键不放并上下拖曳，将行高调整到所需高度后释放鼠标，如图3-13所示，即可调整行高；将鼠标指针移至需调整列宽的单元格所对应的列标右侧，当鼠标指针变为╫形状时，按住鼠标左键不放并左右拖曳，将列宽调整到所需宽度后释放鼠标，如图3-14所示，即可调整列宽。

图3-13 调整行高

图3-14 调整列宽

若要精确调整行高或列宽，则可在对应的行号或列标上单击鼠标右键，在弹出的快捷菜单中选择"行高"或"列宽"选项，打开"行高"或"列宽"对话框，在文本框中输入具体数值，如图3-15所示。

图3-15　精确设置行高与列宽

提示：在拖曳鼠标的同时选择多行行号或多列列标，或按【Ctrl】键同时选择不相邻的行号或列标，拖曳鼠标调整单元格行高或列宽，或精确设置单元格行高或列宽，均可实现同时调整多行行高或多列列宽的效果。

三、任务实施

（一）借助讯飞星火建立表格框架

当对需要制作的表格不熟悉时，就很难了解表格中需要整理归纳哪些项目，从而无法建立正确的表格框架。此时，可以通过AIGC工具寻求整理归纳表格的建议。然后根据AIGC工具的回复结果创建表格的基本框架。下面讲解借助讯飞星火了解图书借阅排名表的需求，然后据此新建Excel工作簿，建立表格的基本框架，具体操作如下。

扫一扫

借助讯飞星火建立
表格框架

1 登录讯飞星火官方网站，在页面下方的文本框中输入要求后，单击 发送 按钮或直接按【Enter】键执行对话操作，讯飞星火将根据要求回答出所需的内容。从回复可知，图书借阅排名表的项目可以包括排名、书名、作者、类别、借阅次数、学生评语、出版社、出版年份等内容，如图3-16所示。

图3-16　使用讯飞星火了解表格内容

2 启动Excel 2019，在打开的窗口中选择"新建"栏中的"空白工作簿"选项，新建空白工作表，然后利用快速访问工具栏中的"保存"按钮 将新建的空白工作簿以"图书借阅排名表"为名保存到计算机上，如图3-17所示。

3 工作表中的A1单元格呈默认选中状态，直接输入"图书借阅排名表"后，按【Enter】键确认输入并选择A2单元格。继续输入"排名"，按【Tab】键确认输入并选择B2单元格。使用该种方法，以讯飞星火提供的信息为基础，依次输入项目数据，搭建表格框架，如图3-18所示。

图3-17　新建并保存工作簿

图3-18　输入表格标题和项目数据

（二）输入数据

建好表格框架后，就可以输入表格数据了。下面将通过快速填充的方法输入排名数据，然后依次输入各条数据记录，具体操作如下。

1 选择A3单元格，输入"1"后按【Ctrl+Enter】组合键。然后拖曳该单元格右下角的填充柄至A22单元格，释放鼠标后即可完成排名数据的输入，如图3-19所示。

2 选择B3单元格，输入书名，然后按【Tab】键，继续输入图书编号（由于图书编号内容较长，Excel 2019会自动以科学记数法的方式显示，后面可以通过设置数据类型来统一调整），接着按相同方法继续输入借阅次数排名第一的图书信息，如图3-20所示。

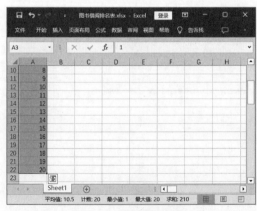

图3-19　填充排名数据

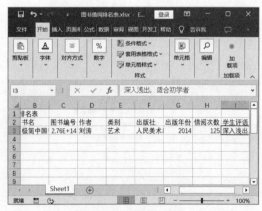

图3-20　手动输入数据

3 按相同方法输入其他图书的数据信息，完成后按【Ctrl+S】组合键保存输入的数据内容，如图3-21所示（本书配套资源中提供了已经输入好的表格数据，用户可直接打开该素材文件进行使用，从而避免反复输入大量数据）。

图书借阅排名表

排名	书名	图书编号	作者	类别	出版社	出版年份	借阅次数	学生评语
1	极简中国	2.76E+14	刘涛	艺术	人民美术	2014	125	深入浅出，适合初学者
2	世界美术	2.57E+14	傅雷	艺术	生活·读书	2022	118	详细深入，学术性强
3	江南古典	2E+14	阮仪三	艺术	译林出版	2009	115	图文并茂，增加鉴赏能力
4	美丽的化	1.09E+14	梁琰	自然科学	清华大学	2016	112	美丽与知识的结合
5	瓦尔登湖	8.59E+14	[美]梭罗	文学	译林出版	2010	108	清新自然，思考人生
6	简·爱	2.84E+14	[英]夏洛蒂	文学	上海文艺	2007	105	情感深刻，引人入胜
7	谈美	2.92E+14	朱光潜	艺术	东方出版	2016	98	美学入门，启迪思维
8	科学大师	3.92E+14	杨建邺	自然科学	湖北科学	2013	95	科普佳作，揭示科研趣事
9	海贻的起	3.25E+14	[德]魏格纳	自然科学	北京大学	2006	90	开拓视野，了解地球
10	突出重围	1.29E+14	柳建伟	文学	人民文学	1998	88	情节紧凑，震撼人心
11	青春万岁	1.92E+14	王蒙	文学	人民文学	2003	85	青春激昂，文字优美
12	物理定律	4.31E+14	[美]P.R.费	自然科学	湖南科学	2005	83	物理世界的诗意阐释
13	华君武漫	1.07E+14	华君武	艺术	上海人民	1980	80	幽默中蕴含深意
14	科学发现	8.36E+14	王梓坤	自然科学	中国少年	2005	78	科学与哲学的交融
15	艺海拾贝	5.05E+14	秦牧	文学	上海文艺	2004	75	文艺评论的经典之作
16	数学家的	1.38E+14	张景中	自然科学	中国少年	2007	73	数学之美，通俗易懂
17	设计，无	1.9E+14	[美]赫斯科	艺术	译林出版	2013	70	设计思维的启蒙读物
18	居里夫人	7.78E+14	[法]玛丽	自然科学	北京大学	2010	68	科学家的人文情怀
19	天工开物	7.43E+14	(明)宋应星	自然科学	北京文艺	2023	65	古代科技的集大成之作
20	焰火	6.32E+14	李东华	文学	长江文艺	2021	63	文字炽热，情感充沛

图3-21 输入其他数据

（三）合并单元格并设置单元格行高和列宽

下面将合并表格标题所在的单元格，然后通过设置单元格行高和列宽来提升表格数据的可读性，具体操作如下。

扫一扫

合并单元格并设置
单元格行高和列宽

1 拖曳鼠标选择A1:I1单元格区域，单击【开始】/【对齐方式】中的"合并后居中"按钮，将所选单元格区域合并为一个单元格，如图3-22所示。

2 单击A列列标，拖曳列标右侧的分隔线，适当缩小列宽。按相同方法调整其他各列的列宽，确保能显示内容但又不会出现过多空白区域，如图3-23所示。

图3-22 合并单元格

图3-23 调整各列列宽

3 单击第1行行号，拖曳行号下方的分隔线，适当增加行高；单击第2行行号，拖曳行号下方的分隔线，适当增加行高，高度略小于第1行；拖曳鼠标选择第3行至第22行的行号，拖曳任意所选行号下方的分隔线。此时，第3行至第22行的行高将统一调整，适当增加行高，高度略小于第2行，如图3-24所示。

提示：同时选择包含数据的所有列的列标或所有行的行号，双击任意列标右侧的分隔线，或双击任意行号下方的分隔线。此时，Excel 2019将根据单元格中的内容快速自动调整行高和列宽。

排名	书名	图书编号	作者	类别	出版社	出版年份	借阅次数	学生评语
	图书借阅排名表							
1	极简中国书法史	2.75817E+14	刘涛	艺术	人民美术出版社	2014	125	深入浅出，适合初学者
2	世界美术名作二十讲	2.57066E+14	傅雷	艺术	生活·读书·新知三联书店	2022	118	详细深入，学术性强
3	江南古典私家园林	2.00449E+14	阮仪三	艺术	译林出版社	2009	115	图文并茂，增加鉴赏能力
4	美画的化学结构	1.08745E+14	梁琰	自然科学	清华大学出版社	2016	112	美图与知识的结合
5	瓦尔登湖	8.59124E+14	[美]梭罗	文学	译林出版社	2010	108	清新自然，思考人生
6	简·爱	2.83605E+14	[美]夏洛蒂·勃朗特	文学	上海文艺出版社	2007	105	情感深刻，引人入胜
7	谈美	2.91792E+14	朱光潜	艺术	东方出版中心	2016	98	美学入门，启迪思维
8	科学大师的失误	3.91992E+14	杨建邺	自然科学	湖北科学技术出版社	2013	95	科普佳作，揭示科研趣事
9	海陆的起源	3.25418E+14	[德]魏格纳	自然科学	北京大学出版社	2006	90	开拓视野，了解地球
10	突出重围	1.29235E+14	柳建伟	文学	人民文学出版社	1998	88	情节紧凑，震撼人心
11	青春万岁	1.92342E+14	王蒙	文学	人民文学出版社	2003	85	青春激昂，文字优美
12	物理定律的本性	4.31069E+14	[美]P.R费曼	自然科学	湖南科学技术出版社	2005	83	物理世界的诗意阐释
13	华君武漫画选讲	1.07244E+14	华君武	艺术	上海人民美术出版社	1980	80	幽默中蕴含深意
14	科学发现纵横谈	8.3623E+14	王梓坤	自然科学	中国少年儿童出版社	2005	78	科学与哲学的交融
15	艺海拾贝	5.05406E+14	秦牧	文学	上海文艺出版社	2004	75	文艺评论的经典之作
16	数学家的眼光	1.37951E+14	张景中	自然科学	中国少年儿童出版社	2007	73	数学之美，通俗易懂
17	设计，无处不在	1.8982E+14	[美]赫斯科特著/丁珏译	艺术	译林出版社	2013	70	设计思维的启蒙读物
18	居里夫人文选	7.77969E+14	[法]玛丽 居里	自然科学	北京大学出版社	2010	68	科学家的人文情怀
19	天工开物	7.42633E+14	[明]宋应星	自然科学	北京文艺出版社	2023	65	古代科技的集大成之作
20	焰火	6.31796E+14	李东华	文学	长江文艺出版社	2021	63	文字炽热，情感充沛

图3-24　调整各行行高

（四）美化表格数据

扫一扫

美化表格数据

为了进一步提升表格数据的可读性和美观性，下面将对单元格中数据的字体格式、对齐方式、数据类型等格式进行设置，然后为单元格添加边框和底纹，具体操作如下。

1 选择A1:I22单元格区域，在【开始】/【字体】中的"字体"下拉列表中选择"方正宋三简体"，在"对齐方式"组中依次单击"垂直居中"按钮和"居中"按钮，如图3-25所示。

2 选择A1单元格，在【开始】/【字体】中的"字体"下拉列表中选择"方正大标宋简体"选项，在"字号"下拉列表中选择"14"选项，单独调整表格标题的字体格式，如图3-26所示。

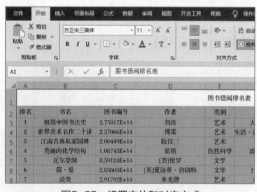

图3-25　设置字体和对齐方式

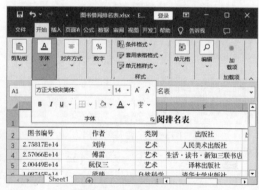

图3-26　设置字体和字号

3 选择A2:I2单元格区域，单击【开始】/【字体】中的"加粗"按钮 B，加粗项目数据的字体外观，如图3-27所示。

4 选择C3:C22单元格区域，单击【开始】/【数字】中右下角的"数字格式"按钮，打开"设置单元格格式"对话框，在"数字"选项卡中的"分类"列表框中选择"自定义"选项，在右侧的"类型"列表框中选择"0"选项，完成后单击 确定 按钮，如图3-28所示。

图3-27 加粗字体

图3-28 自定义数据类型

提示：自定义格式中的"0"选项表示数字占位符，1个"0"代表一个数字，实际的数字个数大于"0"的个数则显示为数字，不够则以"0"占位。例如，在图3-28所示的对话框中选择"0"选项后，可以在上方文本框中输入"000"，表示3个数字。当单元格中的数据为"1245"时，将显示为"1245"；当单元格中的数据为"12"时，则将以"0"占位，显示为"012"。

5 选择A1:I22单元格区域，单击【开始】/【字体】中"边框"按钮田右侧的下拉按钮，在弹出的下拉列表中选择"所有框线"选项，如图3-29所示。

6 选择A2:I2单元格区域，单击【开始】/【字体】中"填充颜色"按钮右侧的下拉按钮，在弹出的下拉列表中选择"绿色，个性色6，淡色60%"选项，如图3-30所示。完成表格数据的美化设置后，保存工作簿。

图3-29 添加单元格边框

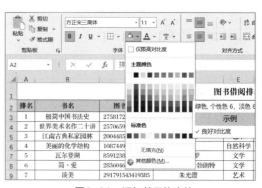

图3-30 添加单元格底纹

任务三 编辑数据——制作校运会成绩汇总表

一、任务目标

成绩汇总表是一种用于记录和展示成绩的表格。在学生的日常学习生活中，常用的表格包括文化课成绩汇总表和运动会成绩汇总表。这两类表格不仅可以记录和展示学生的成绩，还可以为教学质量的提升和学生的个人发展提供重要的数据支持。

本任务的目标是制作校运会成绩汇总表，统计男子组和女子组在校运会中各项目前三名的成绩情况，参考效果如图3-31所示。本任务将重点讲解使用AIGC工具创建表格的方法，以及在Excel 2019中编辑数据和工作表等操作。

	A	B	C	D	E	F	G	H	I	J
1	项目	第一名			第二名			第三名		
2		姓名	班级	成绩	姓名	班级	成绩	姓名	班级	成绩
3	100米	张文杰	169班	11.5秒	李晓勇	171班	11.8秒	王强	170班	12.0秒
4	200米	周子豪	162班	23.5秒	吴寰宇	165班	24.0秒	郑杰凯	169班	24.5秒
5	400米	黄鑫瑞	162班	50.5秒	林浩天	170班	51.0秒	罗瑾萱	171班	51.5秒
6	800米	魏子墨	164班	2分03秒	姜沐辰	172班	2分05秒	沈涛	163班	2分07秒
7	1500米	周文轩	166班	4分30秒	吴轩昊	170班	4分35秒	郑家瑞	165班	4分40秒
8	5000米	韩林	169班	15分30秒	朱涵宇	162班	16分00秒	秦文浩	170班	16分30秒
9	4×100米接力	–	169班	43.5秒	–	171班	44.0秒	–	165班	44.5秒
10	4×400米接力	–	169班	3分30秒	–	165班	3分35秒	–	162班	3分40秒
11	跳高	黄嘉瑞	171班	1.85米	林俊	164班	1.80米	刘子豪	163班	1.75米
12	跳远	周程昱	169班	6.50米	吴翔	172班	6.30米	郑宏	165班	6.10米
13	三级跳	魏家豪	162班	14.20米	陈睿	170班	13.90米	沈子轩	169班	13.50米
14	铅球	赵子龙	164班	15.30米	朱军	163班	14.80米	孙立	170班	14.50米
15	标枪	李轩豪	170班	62.50米	林文杰	172班	60.00米	刘子健	165班	58.50米

图3-31 校运会成绩汇总表参考效果

配套资源

素材文件：项目三\任务三\比赛成绩.txt。

效果文件：项目三\任务三\成绩汇总表.xlsx。

二、任务技能

（一）数据的编辑

输入数据后，用户可以随时对数据内容进行修改、移动、复制等编辑操作，以提高数据的精确性，并为后续计算与分析提供更高质量的数据来源。

1. 修改数据

修改数据的方法与输入数据的方法类似。当需要修改单元格中的所有数据时，只需选择该单元格，输入新的数据后按【Enter】键确认。当需要修改单元格中的部分数据时，可先选择该单元格，然后在编辑栏中选择需要修改的部分，输入新的部分数据后按【Enter】键确认。

如果需要删除单元格中的所有数据，则可选择该单元格后按【Delete】键。若需要删除的是部分数据，同样可以先选择该单元格，然后在编辑栏中选择需要删除的部分，按【Delete】键删除后，再按【Enter】键确认即可删除部分数据。如果需要在单元格中添加新的数据，则可先选择该单元格，然后在编辑栏中单击鼠标右键，将文本插入点定位到需要添加数据的位置，输入新的数据后按【Enter】键确认。

3

2. 移动数据

移动数据是指将单元格中的数据移动到另一个单元格中。移动数据的方法：首先选择数据所在的单元格，在编辑栏中选择数据，按【Ctrl+X】组合键剪切数据；或在选择的数据上单击鼠标右键，在弹出的快捷菜单中选择"剪切"选项；或单击【开始】/【剪贴板】中的"剪切"按钮✂，均可将选择的数据剪切到剪贴板上。然后选择目标单元格，在编辑栏中单击鼠标定位文本插入点，按【Ctrl+V】组合键粘贴数据；或在文本插入点的位置单击鼠标右键，在弹出的快捷菜单中单击"粘贴选项"下的"粘贴"按钮📋；或单击【开始】/【剪贴板】中的"粘贴"按钮📋，均可将剪贴板中的数据粘贴到目标单元格中，从而实现数据的移动操作，如图3-32所示。

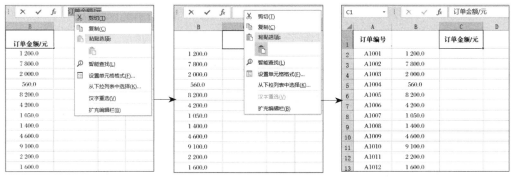

图3-32　移动数据的过程

3. 复制数据

复制数据是指将单元格中的数据复制到另一个单元格中。复制数据的方法：首先选择数据所在的单元格，在编辑栏中选择数据，按【Ctrl+C】组合键复制数据；或在选择的数据上单击鼠标右键，在弹出的快捷菜单中选择"复制"选项；或单击【开始】/【剪贴板】中的"复制"按钮📋，均可将选择的数据复制到剪贴板上。然后选择目标单元格，在编辑栏中单击鼠标定位文本插入点，按【Ctrl+V】组合键粘贴数据；或在文本插入点的位置单击鼠标右键，在弹出的快捷菜单中单击"粘贴选项"下的"粘贴"按钮📋；或单击【开始】/【剪贴板】中的"粘贴"按钮📋，均可将剪贴板中的数据粘贴到目标单元格中，从而实现数据的复制操作，如图3-33所示。

图3-33　复制数据的过程

提示：无论是移动数据还是复制数据，针对的对象都是单元格中的数据。在将单元格或单元格区域及其包含的数据移动或复制到其他单元格中时，单元格或单元格区域自身的格式，以及单元格或单元格区域中的数据格式也会一并进行移动或复制。另外，在Excel 2019中也能实现查找与替换数据的操作，其方法与在Word 2019中查找与替换数据的操作相似。

4. 撤消与恢复操作

当使用Excel 2019执行了错误操作后，可以利用撤消功能快速纠正错误；如果需要恢复到撤消前的状态，则可以利用恢复功能快速恢复。此功能在Word 2019和PowerPoint 2019中同样适用。

● **撤消操作**：按【Ctrl+Z】组合键，或单击快速访问工具栏中的"撤消"按钮，连续按该组合键或连续单击该按钮，可连续撤消最近执行的操作；单击"撤消"按钮右侧的下拉按钮，可在弹出的下拉列表中选择需要快速撤消到某个操作。

● **恢复操作**：按【Ctrl+Y】组合键，或单击快速访问工具栏中的"恢复"按钮，连续按该组合键或连续单击该按钮，可连续恢复最近撤消的操作；单击"恢复"按钮右侧的下拉按钮，可在弹出的下拉列表中选择需要快速恢复到的某个操作。

（二）工作表的操作

在Excel 2019中，工作表是编辑和管理数据的场所，是表格内容的载体。掌握工作表的添加、删除、重命名、移动、复制、隐藏、显示、保护等操作，是处理表格数据时应当具备的基本技能。

1. 添加工作表

当工作簿中的工作表数量不够时，可以及时添加工作表。添加工作表的方法：在工作表标签上单击鼠标右键，在弹出的快捷菜单中选择"插入"选项，打开"插入"对话框，在"常用"选项卡中选择"工作表"并单击 确定 按钮后，可添加一张空白工作表，如图3-34所示。也可直接单击工作表标签右侧的"新工作表"按钮，在当前工作表右侧快速新建一张空白工作表。

图3-34　插入空白工作表

2. 删除工作表

可以及时删除不需要的工作表。删除工作表的方法：在需要删除的工作表标签上单击鼠标右键，在弹出的快捷菜单中选择"删除"选项。若该工作表中存在数据，则Excel 2019会打开提示对话框，单击 确定(O) 按钮后才能删除该张工作表。另外，按住【Ctrl】键的同时，在Excel 2019中，当工作簿中的工作表数量过多时，单击工作表标签可同时选择多张工作表，在任意选择的工作表标签上单击鼠标右键，在弹出的快捷菜单中选择"删除"选项可一次性删除多张工作表。

3．重命名工作表

重命名工作表的目的是方便查看和管理工作表。重命名工作表的方法：在需要重命名的工作表标签上双击鼠标，或单击鼠标右键，在弹出的快捷菜单中选择"重命名"选项。此时，工作表名称将进入可编辑状态，输入新的工作表名称后按【Enter】键确认。

4．移动与复制工作表

若需要在当前工作簿中移动工作表，则只需拖曳该工作表标签至目标位置后释放鼠标即可。在按住【Ctrl】键的同时，拖曳工作表标签就能实现复制工作表的效果。

如果需要将当前工作簿的工作表移动或复制到其他工作簿中，则需要同时打开工作表所在的工作簿和目标工作簿，在需要移动或复制的工作表标签上单击鼠标右键，在弹出的快捷菜单中选择"移动或复制"选项，打开"移动或复制工作表"对话框，在"工作簿"下拉列表中选择目标工作簿对应的选项，在"下列选定工作表之前"列表框中选择工作表移动或复制后的具体位置，单击选中"建立副本"复选框即可实现复制操作，取消选中该复选框则只执行移动操作，完成后单击 确定 按钮，如图3-35所示。

图3-35　移动或复制工作表到其他工作簿

5．隐藏与显示工作表

隐藏工作表可以在不删除工作表的情况下简化工作表数量。隐藏工作表的方法：在需要隐藏的工作表标签上单击鼠标右键，在弹出的快捷菜单中选择"隐藏"选项。当工作簿中存在隐藏的工作表时，可在任意工作表标签上单击鼠标右键，在弹出的快捷菜单中选择"取消隐藏"选项，打开"取消隐藏"对话框，在"取消隐藏工作表"列表框中选择需要显示的工作表对应的选项，单击 确定 按钮后，便可将隐藏的工作表重新显示出来，如图3-36所示。

图3-36　取消隐藏工作表

6．保护工作表

为了防止他人擅自修改工作表中的数据，用户可以对工作表进行保护设置。保护工作表的方法：单击相应的工作表标签切换到需要保护的工作表，单击【审阅】/【保护】中的"保护工作表"按钮 ，打开"保护工作表"对话框，在"取消工作表保护时使用的密码"文本框中输入保护密码，在"允许此工作表的所有用户进行"列表框中单击选中权限复选框（选中后可拥有相应的编辑权限），然后单击 确定 按钮，如图3-37所示。此时，将打开"确认密码"对话框，在"重新输入密码"文本框中再次输入相同的密码后，单击 确定 按钮完成保护操作，如图3-38所示。

当想要撤消工作表的保护状态时，可单击【审阅】/【保护】中的"撤消工作表保护"按钮 ，打开"撤消工作表保护"对话框，在"密码"文本框中输入设置的密码，单击 确定 按钮后，便可取消工作表的保护状态。

图3-37　设置密码和权限　　　　　　　图3-38　确认密码

三、任务实施

使用讯飞星火根据
文件创建表格

（一）使用讯飞星火根据文件创建表格

当已有相关原始数据，但没有较好的表格创建思路时，可以将原始数据所在的文件上传到讯飞星火中，让它根据数据创建相应的表格。下面将使用讯飞星火创建"成绩汇总表"表格，具体操作如下。

1 登录讯飞星火官方网站，在页面下方的文本框中单击 🗋文档 按钮，打开"打开"对话框，选择"比赛成绩.txt"素材文件后，单击 打开(O) 按钮，如图3-39所示。

图3-39　上传文件

2 在文本框中输入相关要求，按【Enter】键发送要求，如图3-40所示。

图3-40　输入并发送要求

3 讯飞星火将根据文件内容返回结果，如图3-41所示，但内容没有以表格的形式显示，因此需要进一步修正要求。

图3-41　返回结果

4 接着要求讯飞星火重新以表格的形式整合数据，输出的内容虽然与我们的需求还有所差距，但可以在Excel 2019中进行适当调整。这里先拖曳鼠标选择所有表格数据，按【Ctrl+C】组合键复制数据，如图3-42所示。

图3-42　修正要求

5 启动Excel 2019，新建空白工作表，按【Ctrl+V】组合键粘贴数据。然后单击【开始】/【编辑】中的"清除"按钮 ⌫，在弹出的下拉列表中选择"清除格式"选项，将单元格和数据带有的格式全部清除，如图3-43所示。

图3-43　清除格式

（二）修改数据

下面将在Excel 2019中对粘贴的数据进行适当修改和美化，建立男子组的校运会成绩汇总表，具体操作如下。

1 选择C3:E3单元格区域，按【Ctrl+X】组合键剪切数据。然后选择

扫一扫

修改数据

F2单元格，再按【Ctrl+V】组合键粘贴数据，完成单元格区域的移动操作，如图3-44所示。

2 选择C4:E4单元格区域，按【Ctrl+X】组合键剪切数据。然后选择I2单元格，按【Ctrl+V】组合键粘贴数据，将100米比赛项目的前三名数据移动为一行，如图3-45所示。

图3-44　移动第二名的数据

图3-45　移动第三名的数据

3 选择C1:E1单元格区域，按【Ctrl+C】组合键复制数据。然后选择F1单元格，按【Ctrl+V】组合键粘贴数据；接着继续选择I1单元格，按【Ctrl+V】组合键再次粘贴数据，为前三名的数据添加对应的项目，如图3-46所示。

4 将B2、B3、B4单元格分别移动到C1、F1、I1单元格，如图3-47所示。

图3-46　复制并粘贴项目数据

图3-47　移动名次数据

5 依次移动其他比赛项目的名次数据到适当的位置，如图3-48所示。

6 在B列列标上单击鼠标右键，在弹出的快捷菜单中选择"删除"选项，删除该列，如图3-49所示。

图3-48　移动其他比赛项目的名次数据

图3-49　删除列

7 将比赛项目数据依次移至A列中，对应成绩数据所在的行，如图3-50所示。

8 分别合并A1:A2单元格区域、B1:D1单元格区域、E1:G1单元格区域、H1:J1单元格区域。然后将所有单元格的字体格式设置为"方正宋三简体"，对齐方式设置为"垂直居中，居中"，再适当调整单元格的行高和列宽，如图3-51所示。

	A	B	C	D	E	F	G	H
2		姓名	班级	成绩	姓名	班级	成绩	姓名
3	100米	张文杰	169班	11.5秒	李晓勇	171班	11.8秒	王强
4	200米	周子豪	162班	23.5秒	吴宾宇	165班	24.0秒	郑杰凯
5	400米	黄鑫瑞	162班	50.5秒	林浩天	170班	51.0秒	罗瑾萱
6	800米	魏子墨	164班	2分03秒	姜沐辰	172班	2分05秒	沈涛
7	1500米	周文轩	166班	4分30秒	吴轩昊	170班	4分35秒	郑家瑞
8	5000米	韩林	169班	15分30秒	朱涵宇	162班	16分00秒	秦文浩
9	4×100米接	未注明	169班	43.5秒	未注明	171班	44.0秒	未注明
10	4×400米接	未注明	169班	3分30秒	未注明	165班	3分35秒	未注明
11	跳高	黄嘉瑞	171班	1.85米	林俊	164班	1.80米	刘子豪
12	跳远	周程昱	169班	6.50米	吴翔	172班	6.30米	郑宏
13	三级跳	魏家豪	162班	14.20米	陈睿	170班	14.0米	刘子轩
14	铅球	赵子龙	164班	15.30米	朱军	163班	14.80米	孙立
15	标枪	李轩豪	170班	62.50米	林文杰	172班	60.00米	刘子健

图3-50 移动比赛项目数据

	A	B	C	D	E	F	G
1	项目	第一名			第二名		
2		姓名	班级	成绩	姓名	班级	成绩
3	100米	张文杰	169班	11.5秒	李晓勇	171班	11.8
4	200米	周子豪	162班	23.5秒	吴宾宇	165班	24.0
5	400米	黄鑫瑞	162班	50.5秒	林浩天	170班	51.0
6	800米	魏子墨	164班	2分03秒	姜沐辰	172班	2分0
7	1500米	周文轩	166班	4分30秒	吴轩昊	170班	4分3
8	5000米	韩林	169班	15分30秒	朱涵宇	162班	16分0
9	4×100米接力	未注明	169班	43.5秒	未注明	171班	44.0
10	4×400米接力	未注明	169班	3分30秒	未注明	165班	3分3
11	跳高	黄嘉瑞	171班	1.85米	林俊	164班	1.80

图3-51 美化数据

9 加粗显示第1行和第2行的数据，并为其添加"绿色，个性色6，淡色60%"的底纹效果。然后为所有包含数据的单元格区域添加边框，如图3-52所示。

10 按【Ctrl+H】组合键打开"查找和替换"对话框，在"替换"选项卡中的"查找内容"下拉列表框中输入"未注明"，在"替换为"下拉列表框中输入"-"号，然后单击 全部替换(A) 按钮，如图3-53所示。

	A	B	C	D	E	F
1	项目	第一名			第二名	
2		姓名	班级	成绩	姓名	班级
3	100米	张文杰	169班	11.5秒	李晓勇	171班
4	200米	周子豪	162班	23.5秒	吴宾宇	165班
5	400米	黄鑫瑞	162班	50.5秒	林浩天	170班
6	800米	魏子墨	164班	2分03秒	姜沐辰	172班
7	1500米	周文轩	166班	4分30秒	吴轩昊	170班
8	5000米	韩林	169班	15分30秒	朱涵宇	162班
9	4×100米接力	未注明	169班	43.5秒	未注明	171班
10	4×400米接力	未注明	169班	3分30秒	未注明	165班

图3-52 添加边框和底纹

图3-53 查找与替换数据

11 在弹出提示对话框后，单击 确定(O) 按钮，如图3-54所示。

12 单击 关闭 按钮关闭"查找和替换"对话框，观察表格效果，并根据需要适当优化表格数据格式。比如，适当调整单元格的行高和列宽等，以提升表格的美观性和可读性，如图3-55所示。

图3-54 确认替换

	A	B	C	D	E	F
6	800米	魏子墨	164班	2分03秒	姜沐辰	172班
7	1500米	周文轩	166班	4分30秒	吴轩昊	170班
8	5000米	韩林	169班	15分30秒	朱涵宇	162班
9	4×100米接力	-	169班	43.5秒		171班
10	4×400米接力	-	169班	3分30秒		165班
11	跳高	黄嘉瑞	171班	1.85米	林俊	164班
12	跳远	周程昱	169班	6.50米	吴翔	172班
13	三级跳	魏家豪	162班	14.20米	陈睿	170班
14	铅球	赵子龙	164班	15.30米	朱军	163班
15	标枪	李轩豪	170班	62.50米	林文杰	172班

图3-55 替换后的效果

重命名并复制工作表

（三）重命名并复制工作表

下面将重命名工作表，然后复制工作表，再通过修改数据快速建立女子组的校运会成绩汇总表，具体操作如下。

1 双击"Sheet1"工作表标签，输入"男子组"后，按【Enter】键确认，如图3-56所示。

2 在按住【Ctrl】键的同时，向右拖曳工作表标签，释放鼠标后，按相同方法为复制的工作表修改名称，将名称修改为"女子组"，如图3-57所示。

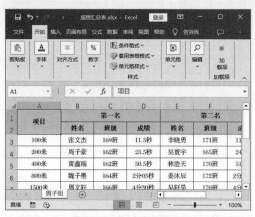

图3-56 重命名工作表　　　　图3-57 复制并重命名工作表

3 新建空白Word文档，打开"比赛成绩.txt"素材文件，将女子组的成绩数据复制到文档中，以男子组表格数据的内容为参考，利用【Tab】键分隔数据并删除多余内容。完成后选择所有数据，按【Ctrl+C】组合键进行复制，如图3-58所示。

4 切换到成绩汇总表.xlsx中的"女子组"工作表，选择B3:J15单元格区域，按【Ctrl+V】组合键粘贴数据。然后将字体格式设置为"方正宋三简体，11"，对齐方式设置为"垂直居中，居中"，如图3-59所示。

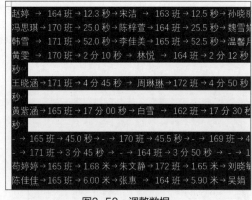

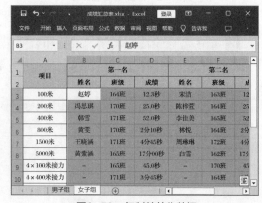

图3-58 调整数据　　　　图3-59 复制并美化数据

（四）保护工作表

下面将分别以不同的密码对工作簿中的两张工作表进行保护设置，具体操作如下。

1 单击"男子组"工作表标签，切换到该张工作表，单击【审阅】/【保护】中的"保护工作表"按钮 🔓 ，打开"保护工作表"对话框，在"取消工作表保护时使用的密码"文本框中输入"123"，在"允许此工作表的所有用户进行"列表框中取消选中所有复选框，然后单击 确定 按钮，如图3-60所示。

2 打开"确认密码"对话框，在"重新输入密码"文本框中再次输入"123"后，单击 确定 按钮，如图3-61所示。

3 切换到"女子组"工作表，按相同方法保护工作表，密码为"321"，最后保存工作簿，完成操作。

图3-60 输入密码并设置权限

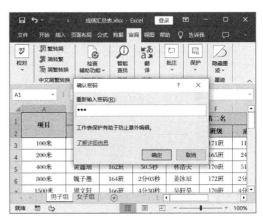

图3-61 确认密码

项目实训

实训1 制作个人简历表

一、实训要求

个人简历表可以帮助求职者展示基本信息，如姓名、年龄、性别、联系方式、教育背景、实习经历、获奖情况、技能证书，以及各种优势等，有助于招聘方了解求职者的背景和能力。现需要制作一张个人简历表，要求表格内容简洁大方且清晰美观，参考效果如图3-62所示。

扫一扫

制作个人简历表

二、实训思路

（1）通过讯飞星火了解个人简历表需要包含的内容，并熟悉个人简历表的基本内容和结构。

（2）新建空白工作簿，按讯飞星火的内容输入个人简历表框架和对应的内容（可直接使用"个人简历.txt"素材文件）。

（3）合并标题单元格，调整表格的行高与列宽。

个人简历表（电子版）	
项目	内容
姓名	张三
性别	男
出生日期	1997年4月20日
联系电话	12345678901
电子邮件	zhangsan@example.com
地址	北京市朝阳区朝阳路××号
教育背景	北京大学计算机科学与技术专业硕士
毕业时间	2022年6月30日
实习经历	2020年9月—2021年4月于×××科技有限公司实习，任软件工程师实习生
工作描述	参与开发了一款移动应用，优化了后端服务的性能等
证书名称	Cisco CCNA
颁发机构	Cisco Systems Inc.
获得时间	2021年11月3日
语言能力	汉语，英语
技术技能	Java, Python, SQL, HTML/CSS, JavaScript, C++, Linux, Windows Server, Git, Jenkins, Agile, SCRUM
兴趣爱好	编程，阅读，旅行，篮球
自我评价	我是一个充满激情和创新精神的人，有良好的团队协作能力和沟通能力，愿意不断学习和进步

图3-62　个人简历表参考效果

（4）将标题单元格的字体格式设置为"方正小标宋简体，16"，对齐方式设置为"垂直居中，居中"；将其他单元格区域的字体格式设置为"方正宋三简体"，对齐方式设置为"垂直居中，居中"。

（5）单独将表格项目的字体颜色设置为"白色，背景1"，并加粗显示，然后将各内容的对齐方式设置为"左对齐"。

（6）为表格添加"所有边框"和"粗外侧框线"效果。

（7）为表格项目填充"蓝色，个性色1，深色50%"的底纹效果，然后采取隔行填充的方式为内容填充"蓝色，个性色1，淡色80%"的底纹效果。

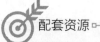

配套资源

素材文件：项目三\项目实训\个人简历.txt。

效果文件：项目三\项目实训\个人简历表.xlsx。

实训2　制作学生信息明细表

一、实训要求

学生信息明细表是学校或教育机构用于记录和管理学生个人信息的重要工具，它可以帮助教师、行政人员等掌握学生的详细资料。现需要制作一张学生信息明细表，要求汇总不同班级的学生信息，参考效果如图3-63所示。

扫一扫

制作学生信息明细表

二、实训思路

（1）通过讯飞星火了解学生信息明细表的结构和内容。

（2）复制"学生信息.txt"素材文件中169班的数据（包括表头项目），新建空白工作簿，粘贴数据，然后删除"班级"所在列的数据。

（3）将所有包含数据的单元格字体格式设置为"方正宋三简体，11"，对齐方式设置为"垂直居中，左对齐"。然后适当调整表格的行高和列宽，再单独加粗项目数据，并为数据区域添加"所有框线"和"粗外侧框线"效果。

（4）重命名"Sheet1"工作表，然后复制该张工作表并修改名称，将"学生信息.txt"素材文件中170班的数据复制到该张工作表中，接着删除班级数据，移动年级数据，并按相同方法美化表格。

（5）再次复制工作表并修改名称，然后将"学生信息.txt"素材文件中171班的数据复制到该张工作表中，并按相同方法进行处理。

姓名	学号	性别	出生日期	家庭住址	联系电话	电子邮箱	年级
张伟	2025001	男	××××年×月×日	北京市××路××号	12345678901	zhangwei@example.com	大二
李娜	2025002	女	××××年×月×日	上海市××区××路××号	12345678902	lina@example.com	大二
王强	2025003	男	××××年×月×日	广州市××区××路××号	12345678903	wangqiang@example.com	大二
赵敏	2025004	女	××××年×月×日	深圳市××区××路××号	12345678904	zhaomin@example.com	大二
孙悦	2025005	女	××××年×月×日	杭州市××区××路××号	12345678905	sunyue@example.com	大二
李雷	2025006	男	××××年×月×日	成都市××区××路××号	12345678906	lilei@example.com	大二
周杰	2025007	男	××××年×月×日	武汉市××区××路××号	12345678907	zhoujie@example.com	大二
吴磊	2025008	男	××××年×月×日	南京市××区××路××号	12345678908	wulei@example.com	大二
陈思思	2025009	女	××××年×月×日	西安市××区××路××号	12345678909	chensisi@example.com	大二
林峰	2025010	男	××××年×月×日	天津市××区××路××号	12345678910	linfeng@example.com	大二
黄蓉	2025011	女	××××年×月×日	合肥市××区××路××号	12345678911	huagnrong@example.com	大二
徐飞	2025012	男	××××年×月×日	重庆市××区××路××号	12345678912	xufei@example.com	大二

2027级169班 | 2027级170班 | 2027级171班

图3-63 学生信息明细表参考效果

配套资源

素材文件：项目三\项目实训\学生信息.txt。

效果文件：项目三\项目实训\学生信息明细表.xlsx。

强化练习

练习1 制作考勤统计表

利用讯飞星火创建考勤统计表，然后在Excel 2019中制作考勤统计表，并对表格内容进行适当美化，使表格看上去简洁、美观，参考效果如图3-64所示。

配套资源

素材文件：项目三\强化练习\考勤记录.txt。

效果文件：项目三\强化练习\考勤统计表.xlsx。

学生姓名	学号	班级	日期	签到时间	签退时间	出勤状态	备注
张三	123456	169班	2025/4/9	8:30:00	12:00:00	正常	
李四	123457	170班	2025/4/9	9:45:00	12:30:00	迟到	迟到原因：交通堵塞
王五	123458	169班	2025/4/9	8:15:00	12:00:00	正常	
赵六	123459	168班	2025/4/9	--	--	缺勤	缺勤原因：病假，已提交医院证明
钱七	123460	171班	2025/4/9	8:30:00	12:00:00	正常	
孙八	123461	169班	2025/4/9	8:55:00	11:45:00	早退	早退原因：提前完成课程任务
周九	123462	171班	2025/4/9	8:45:00	12:05:00	正常	
吴十	123463	169班	2025/4/9	9:35:00	12:05:00	迟到	迟到原因：个人紧急事务
郑十一	123464	170班	2025/4/9	9:00:00	12:15:00	正常	
冯十二	123465	169班	2025/4/9	8:40:00	12:55:00	正常	
陈十三	123466	171班	2025/4/9	9:35:00	12:05:00	迟到	迟到原因：交通延误
林十四	123467	170班	2025/4/9	8:50:00	12:20:00	正常	

图3-64　考勤统计表参考效果

练习2　制作学习计划表

利用讯飞星火创建学习计划表，将内容复制到Excel 2019中后，根据个人学习计划进行适当修改和调整，然后对表格内容进行美化，参考效果如图3-65所示。

周数	学习目标	学习资源	学习时间安排	学习内容概述	学习方法与技巧	进度追踪
第一周	矩阵与行列式	教材《线性代数及其应用》、网校在线视频	每天2小时	矩阵的概念和运算、行列式的性质和计算方法、逆矩阵和伴随矩阵	制作笔记，观看教学视频，完成课后习题	50%
第二周	线性方程组	教材《线性代数及其应用》、网校在线视频	每天2小时	线性方程组的解法、齐次线性方程组和非齐次线性方程组	制作笔记，观看教学视频，完成课后习题	未开始
第三周	向量空间与线性变换	教材《线性代数及其应用》、网校在线视频	每天2小时	向量空间的定义和性质、特征值与特征向量	制作笔记，观看教学视频，完成课后习题	未开始
第四周	线性相关性与基	教材《线性代数及其应用》、网校在线视频	每天2小时	相关与无关的概念、最大线性无关组和基的求法、基变换和坐标变换	制作笔记，观看教学视频，完成课后习题	未开始
第五周	内积空间与正交性	教材《线性代数及其应用》、网校在线视频	每天2小时	内积的定义和性质、正交性的概念和判定、正交补和正交投影	制作笔记，观看教学视频，完成课后习题	未开始
第六周	特征值问题与谱定理	教材《线性代数及其应用》、网校在线视频	每天2小时	特征多项式和特征值的求解、对角化问题及其条件、谱定理	制作笔记，观看教学视频，完成课后习题	未开始
第七周	二次型与最小二乘法	教材《线性代数及其应用》、网校在线视频	每天2小时	二次型的定义和分类、最小二乘问题的解法	制作笔记，观看教学视频，完成课后习题	未开始
第八周	矩阵的数值稳定性与条件数	教材《线性代数及其应用》、网校在线视频	每天2小时	数值稳定性的概念和条件数的计算方法	制作笔记，观看教学视频，完成课后习题	未开始

图3-65　学习计划表参考效果

配套资源

素材文件：项目三\强化练习\学习内容.txt。

效果文件：项目三\强化练习\学习计划表.xlsx。

PART 4

项目四
Excel 2019 进阶操作

项目导读

　　使用Excel 2019制作表格时，通常会遇到计算和管理数据的需求，如学生成绩的计算与统计、商品销售情况的计算与汇总、员工工资的统计与筛选、店铺日常运营情况的计算与管理等。Excel 2019拥有强大的数据处理与管理功能，借助这些功能，我们可以更加轻松和灵活地进行数据计算与管理工作，从而提高数据处理的效率。

　　另外，Excel 2019还拥有大量图表和可视化工具，可以将数据转换为生动形象的图形再展示出来，从而降低理解数据的难度，让用户能够轻松识别并理解数据的特征或规律。

　　本项目将结合AIGC工具，全面介绍使用Excel 2019计算数据、管理数据、可视化数据等操作，提高用户的数据处理能力。

学习目标

- 了解数据清单的概念。
- 掌握公式与函数的应用。
- 掌握数据的排序、筛选和分类汇总。
- 熟悉图表的构成与类型。
- 掌握数据透视表和数据透视图的应用。

素养目标

- 培养逻辑思维能力和问题分析能力，提高学习效率与工作效率。
- 建立数据意识，培养数据思维，提高数据敏感性。
- 培养自主学习的能力和持续学习的习惯。

任务一　计算数据——制作创新大赛成绩统计表

一、任务目标

成绩统计表可以详细记录每位参赛者的各项成绩及排名，不仅便于长期保存和查阅，还能方便观众对成绩进行各种分析，以进一步了解比赛情况。

本任务的目标是制作一张学校创新大赛成绩统计表，参考效果如图4-1所示。本任务将重点讲解公式的计算、函数的应用，以及借助AIGC工具查询并使用函数等操作。

参赛者姓名	参数作品编号	组别	选题得分	科学性得分	创新性得分	总分	排名		组别	平均分
余若	TKR814481GQ58	新兴产业	35	20	28	83	10		新兴产业	85.5
王颖	QLM834783LG73	传统产业	35	33	30	98	1		传统产业	89.5
张瑛	TLU215494YO77	现代农业	25	24	28	77	13		现代农业	83
杜霞枫	GTG191438DG68	生活服务业	21	24	23	68	16		生活服务业	69.5
蒋凡	SAM117910FR97	传统产业	27	32	26	85	7			
冯婷	NAZ938717RQ67	新兴产业	30	34	29	93	2			
郭蓓蓓	YCA675855FV22	传统产业	30	34	20	84	8			
沈茜	SKI732542BI99	现代农业	26	28	35	89	5			
周娅	IGU385681NZ40	新兴产业	26	28	21	75	14			
周芸维	NUX275817YT38	生活服务业	21	25	25	71	15			
沈晓晨	BPN892289NG12	现代农业	25	33	24	82	11			
孙怡晨	HEP451623QB61	新兴产业	20	32	30	82	11			
韩寒	QSF592690FM33	现代农业	30	32	22	84	8			
魏莉莉	HPY583675SF94	新兴产业	30	28	35	93	2			

图4-1　创新大赛成绩统计表参考效果

配套资源

　　素材文件：项目四\任务一\创新大赛成绩统计表.xlsx。

　　效果文件：项目四\任务一\创新大赛成绩统计表.xlsx。

二、任务技能

（一）认识与使用公式

公式是指能够完成一系列数学运算、逻辑判断和文本处理等操作，且能够计算并返回特定结果的对象。在制作需要计算数据的表格时，公式发挥着至关重要的作用。

1. 公式的组成

在Excel 2019中，在"="符号后可根据需要输入相应的常量、运算符、单元格地址或函数来组成公式的内容。Excel 2019中的公式一般由5个部分组成，即"="号、常量、运算符、单元格地址（包括单元格区域地址）和函数。图4-2所示为由上述5个部分组成的一个公式，其中"="符号必须处于公式的开始处，这是区别于普通数据的标识；常量即不会变化的数据；运算符即进行运算的符号；单元格（区域）地址即参与公式运算的单元格（区域）中的数据；函数相当于公式中的一个参数，参与计算的数据为函数返回的结果。

图4-2　公式的组成

2. 运算符的类型

Excel 2019常见的运算符有4种，分别是算术运算符、比较运算符、文本连接运算符和引用运算符。

（1）算术运算符。使用算术运算符可以进行各种基本的数学运算。常见的算术运算符有加法运算符"+"号、减法运算符"−"号、乘法运算符"*"号、除法运算符"/"号、乘方运算符"^"号等。

> 提示：公式中无论是函数名、单元格地址，还是括号、运算符、引号等非中文对象或非引用对象，它们都必须在英文格式下输入，且大写字母或小写字母均能被Excel 2019识别。

（2）比较运算符。比较运算符可以比较两个参数的大小，并返回逻辑值TRUE或FALSE。表4-1所示为常见比较运算符的符号和作用。

表4-1　常见比较运算符的符号和作用

符号	作用
=	等于
>	大于
<	小于
<>	不等于（可理解为不相同）
>=	大于等于（可理解为"不小于""不低于"等）
<=	小于等于（可理解为"不大于""不超过"等）

（3）文本连接运算符。文本连接运算符可简称为连接符，即"&"符号。它可以将多个文本字符串连成一段字符。例如：公式"="王"&"寒""的运算结果为"王寒"。

（4）引用运算符。引用运算符的作用是将单个单元格引用对象转换为单元格区域或多个单元格引用对象。表4-2所示为常见的引用运算符。

表 4-2 常见的引用运算符

符号	名称	含义	作用
：	冒号	区域运算符	可以生成包含这两个引用地址及其之间的所有单元格引用地址，如 A1:C2 表示引用 A1、A2、B1、B2、C1、C2 这些单元格
，	逗号	联合运算符	可以将多个引用合并为一个引用，如 AVERAGE(A1:C1,A2:C2) 表示对 A1:C1 单元格区域和 A2:C2 单元格区域求平均值
（空格）	空格	交集运算符	可以生成对两个引用中共有单元格的引用，如 SUM(B1:B3 A2:C2) 将只返回这两个单元格区域中交集 B2 单元格中的数据

3. 运算符的运算顺序

当公式中出现多个运算符时，Excel 2019会默认从左到右依次进行计算。但如果运算符不是相同的优先级时，则将按照图4-3所示的顺序进行计算。

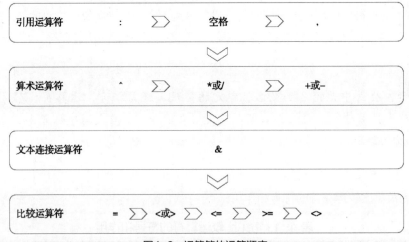

图4-3 运算符的运算顺序

提示：如图4-3所示，可以发现，乘法和除法的优先级高于同类型运算符的加法和减法。若需要先进行加法运算或减法运算，可利用小括号更改计算顺序，这一点与数学中改变运算顺序的方法相同。例如，公式"=5+10/2"表示计算10除以2的商再加上5；而公式"=(5+10)/2"则表示用5与10之和除以2。

4. 单元格的引用方式

单元格引用通过行号和列标来标识公式中所使用的数据地址。Excel 2019会自动根据公式中的行号和列标来查找单元格，从而达到引用单元格中数据的目的。不同的引用方式导致公式的计算结果不同。在Excel 2019中，常用的单元格引用方式有3种，包括相对引用、绝对引用和混合引用。

（1）相对引用。相对引用是指公式中的单元格地址会随着存放计算结果的单元格位置变化而发生相对变化。无论是复制公式还是填充公式，默认的引用方式均为相对引用。例如，复制E2单元格并选择E3单元格进行粘贴操作后，E3单元格中的公式将由"=C2*D2"自动变成"=C3*D3"，如图4-4所示。

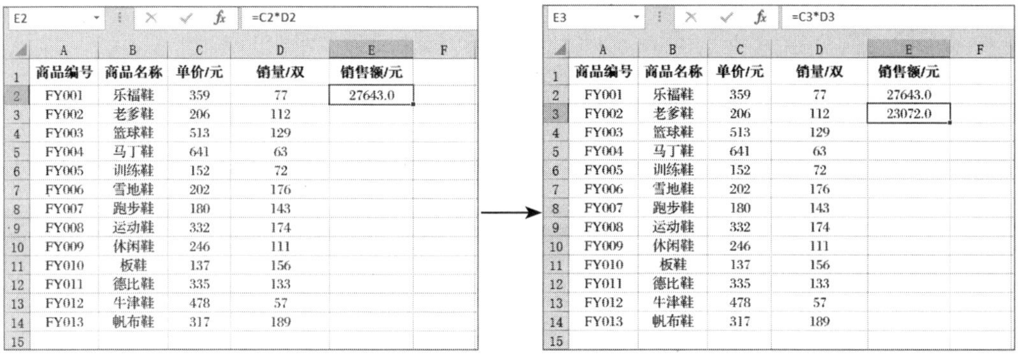

E2	fx	=C2*D2					E3	fx	=C3*D3			
	A	B	C	D	E	F		A	B	C	D	E	F
1	商品编号	商品名称	单价/元	销量/双	销售额/元		商品编号	商品名称	单价/元	销量/双	销售额/元	
2	FY001	乐福鞋	359	77	27643.0		FY001	乐福鞋	359	77	27643.0	
3	FY002	老爹鞋	206	112			FY002	老爹鞋	206	112	23072.0	
4	FY003	篮球鞋	513	129			FY003	篮球鞋	513	129		
5	FY004	马丁鞋	641	63			FY004	马丁鞋	641	63		
6	FY005	训练鞋	152	72			FY005	训练鞋	152	72		
7	FY006	雪地鞋	202	176			FY006	雪地鞋	202	176		
8	FY007	跑步鞋	180	143			FY007	跑步鞋	180	143		
9	FY008	运动鞋	332	174			FY008	运动鞋	332	174		
10	FY009	休闲鞋	246	111			FY009	休闲鞋	246	111		
11	FY010	板鞋	137	156			FY010	板鞋	137	156		
12	FY011	德比鞋	335	133			FY011	德比鞋	335	133		
13	FY012	牛津鞋	478	57			FY012	牛津鞋	478	57		
14	FY013	帆布鞋	317	189			FY013	帆布鞋	317	189		
15												

图4-4　相对引用的示例

（2）绝对引用。绝对引用是指引用单元格的绝对地址。操作时只需在单元格地址的行号和列标前添加"$"号，就能锁定单元格的位置，之后无论将公式复制或填充到哪里，公式中引用的单元格地址都不会发生任何变化。例如，将E2单元格公式中的单元格地址引用方式设置为绝对引用，即"=$C$2*$D$2"，复制E2单元格并选择E3单元格进行粘贴操作后，E3单元格中的公式并未发生变化，仍是"=$C$2*$D$2"，如图4-5所示。当需要进行绝对引用时，只需选择公式中的单元格地址，按【F4】键即可为公式中所有的行号和列标添加"$"号。

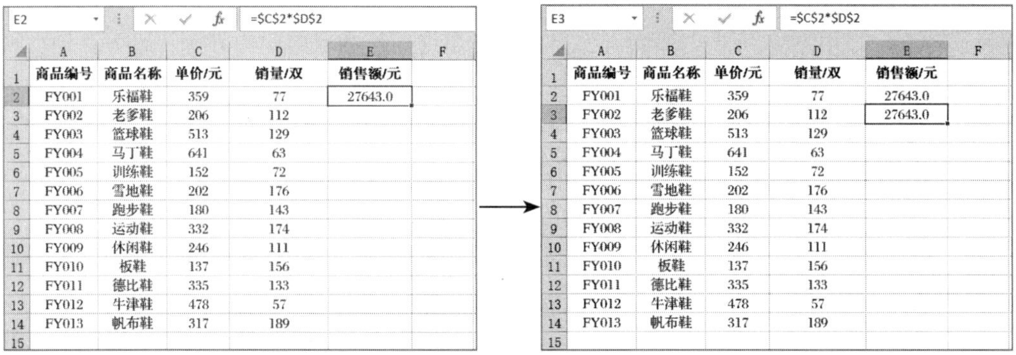

E2	fx	=$C$2*$D$2					E3	fx	=$C$2*$D$2			
	A	B	C	D	E	F		A	B	C	D	E	F
1	商品编号	商品名称	单价/元	销量/双	销售额/元		商品编号	商品名称	单价/元	销量/双	销售额/元	
2	FY001	乐福鞋	359	77	27643.0		FY001	乐福鞋	359	77	27643.0	
3	FY002	老爹鞋	206	112			FY002	老爹鞋	206	112	27643.0	
4	FY003	篮球鞋	513	129			FY003	篮球鞋	513	129		
5	FY004	马丁鞋	641	63			FY004	马丁鞋	641	63		
6	FY005	训练鞋	152	72			FY005	训练鞋	152	72		
7	FY006	雪地鞋	202	176			FY006	雪地鞋	202	176		
8	FY007	跑步鞋	180	143			FY007	跑步鞋	180	143		
9	FY008	运动鞋	332	174			FY008	运动鞋	332	174		
10	FY009	休闲鞋	246	111			FY009	休闲鞋	246	111		
11	FY010	板鞋	137	156			FY010	板鞋	137	156		
12	FY011	德比鞋	335	133			FY011	德比鞋	335	133		
13	FY012	牛津鞋	478	57			FY012	牛津鞋	478	57		
14	FY013	帆布鞋	317	189			FY013	帆布鞋	317	189		
15												

图4-5　绝对引用的示例

（3）混合引用。混合引用是指相对引用与绝对引用同时存在的单元格引用方式，包括绝对列和相对行（即在列标前添加"$"号）、绝对行和相对列（即在行号前添加"$"号）两种形式。

在混合引用中，绝对引用的部分保持绝对引用的性质，不会随单元格位置的变化而变化；相对引用的部分保持相对引用的性质，会自动随着单元格位置的变化而变化。选择公式中的单元格地址，按【F4】键可以使单元格的引用方式在"绝对引用→混合引用（行绝对、列相对）→混合引用（行相对、列绝对）→相对引用→绝对引用"这个过程中循环切换。图4-6所示为行相对与列绝对的混合引用效果，其中列标不发生变化，行号发生相对变化。

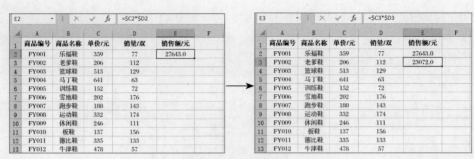

图4-6　混合引用的示例

提示： Excel 2019不仅可以引用同一工作表中的单元格地址，还可以引用不同工作表甚至是不同工作簿中的单元格地址。当需要引用同一工作簿中其他工作表的单元格地址时，可以切换到该张工作表中单击所需单元格进行引用，或按照"工作表名称!单元格地址"的格式手动输入；当需要引用其他工作簿中的单元格地址时，可按照"[工作簿名称]工作表名称!单元格地址"的格式手动输入。

5. 输入与编辑公式

公式的输入、确认、修改、复制等操作与普通数据相比有一定区别，在实际操作中要特别注意，否则一不小心就会改变公式的内容。

● **输入与确认公式：** 选择目标单元格，在编辑栏中输入"="符号，然后依次输入公式的其他内容。如果需要引用单元格地址，则可通过单击单元格进行快速引用，完成后按【Enter】键或按【Ctrl+Enter】组合键，或单击编辑栏左侧的"输入"按钮✔确认输入。这里特别强调一点，如果输入的是普通数据，可以通过单击其他任意单元格来确认输入；但如果输入的是公式，则一定不能按照这样的操作来确认输入。因为在输入公式时，单击其他任意单元格都会将该单元格的地址引用到公式中。

● **修改公式：** 选择包含公式的单元格，在编辑栏中对公式内容进行修改，完成后按【Enter】键或按【Ctrl+Enter】组合键，或单击编辑框左侧的"输入"按钮✔确认输入。

● **复制公式：** 复制公式包含两种情形：第一种，复制包含公式的单元格到目标单元格，这种操作与复制普通数据的方法相同，公式被复制后若包含相对地址，则相对地址会发生变化；第二种，选择包含公式的单元格，然后仅复制编辑栏中的公式内容，接着选择目标单元格，在编辑栏中完成粘贴操作。此时，复制的公式无论是相对引用还是绝对引用，内容都不会发生变化，如图4-7所示，在实际操作中要注意区别这两种情形。

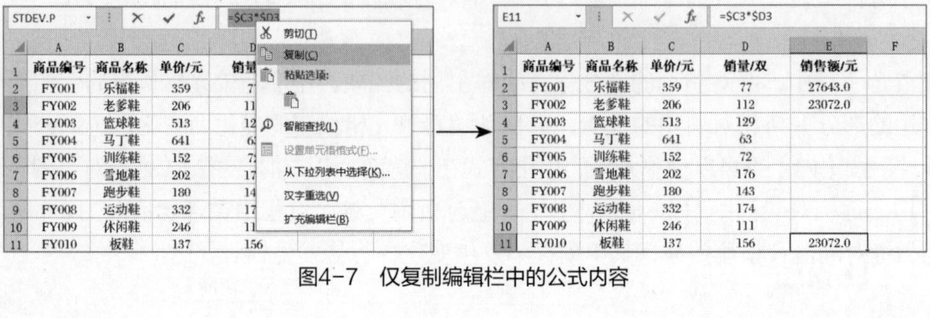

图4-7　仅复制编辑栏中的公式内容

（二）函数的组成与应用

与公式相比，函数不仅能够提高计算效率，还能够完成更多复杂的计算。Excel 2019提供了大量函数，合理使用这些函数可以帮助分析用户解决各种计算问题。

1. 函数的语法格式

Excel函数具有特定的语法格式，要想利用函数完成数据计算，就需要遵从该函数的语法格式。一个完整的函数由"="符号、函数名、参数括号和函数参数构成。其中"="符号用于区别普通数据；函数名用于指定调用的函数；参数括号用于划分参数区域；函数参数用于参与函数计算，它可以是常量和单元格引用地址；","号用于分隔函数参数，如图4-8所示。

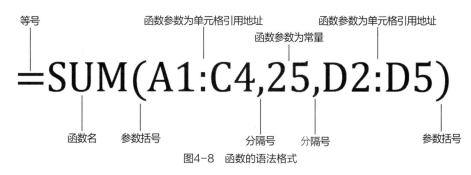

图4-8　函数的语法格式

2. 插入函数

选择需要插入函数的单元格，单击编辑栏左侧的"插入函数"按钮 *fx*，或单击【公式】/【函数库】中的"插入函数"按钮 *fx*，打开"插入函数"对话框，在"或选择类别"下拉列表中选择函数的所属类别选项。如果不清楚函数的类别，可在"搜索函数"文本框中输入函数的作用，如输入"提取"，表示希望提取单元格中的内容。单击 转到(G) 按钮，在下方的"选择函数"列表框中将显示符合条件的函数，选择"LEFT"选项，然后单击 确定 按钮，如图4-9所示。此时，将弹出"函数参数"对话框，其中显示的文本框便是该函数对应的参数。在文本框中输入单元格地址或输入条件等内容后，单击 确定 按钮，即可插入函数，如图4-10所示。按图中所示设置参数的函数表示从左开始提取B1单元格中的前2位字符。

图4-9　选择函数

图4-10　设置参数

> 提示：如果对函数的语法结构比较熟悉，则可以像输入公式一样，选择单元格后，在编辑栏中直接输入函数内容。

3. 嵌套函数

嵌套函数是指将一个函数作为另一个函数的参数来使用。除了可以直接在编辑栏中将函数的某个参数设置为另一个函数外，还可按以下方法来使用嵌套函数：按插入函数的方法打开"函数参数"对话框，将文本插入点定位到需要更改的参数对应的文本框中，单击名称框右侧的下拉按钮▼，在弹出的下拉列表中选择"其他函数"选项，打开"插入函数"对话框，在其中选择需要作为参数的函数后，再在弹出的对话框中设置嵌套函数的参数，如图4-11所示。IF函数表示如果A1单元格中的数值大于5000，则使用求和函数SUM来计算B1:B6单元格区域中的数据之和，否则返回0。其中SUM函数是IF函数的一个参数，作为IF函数中的嵌套函数来使用。

图4-11　为IF函数嵌套SUM函数

三、任务实施

扫一扫

使用公式计算
表格数据

（一）使用公式计算表格数据

下面将使用公式汇总每个参赛作品的总分数据，具体操作如下。

1 打开"创新大赛成绩统计表.xlsx"素材文件，选择G2:G17单元格区域，在编辑栏中单击鼠标右键定位文本插入点，并输入"="后，单击D2单元格以引用其地址，如图4-12所示。

2 继续输入"+"，然后单击E2单元格以引用其地址，如图4-13所示。

图4-12　引用单元格地址　　　　　　图4-13　继续输入公式

3 继续输入"+"，然后单击F2单元格以引用其地址，表示总分由选题得分、科学性得分和创新性得分这3项分数之和所得，如图4-14所示。

4 按【Ctrl+Enter】组合键快速计算出所有参赛作品的总分，如图4-15所示。

图4-14 完成公式　　　　　　　　　　　图4-15 返回计算结果

（二）使用函数统计表格数据

下面将使用函数统计参赛作品的排名数据，具体操作如下。

1 选择H2单元格，单击编辑栏左侧的"插入函数"按钮 fx，打开"插入函数"对话框，在"搜索函数"文本框中输入"排名"，单击 转到(G) 按钮。在下方的"选择函数"列表框中选择"RANK.EQ"选项，然后单击 确定 按钮，如图4-16所示。

2 打开"函数参数"对话框，在"Number"文本框中单击鼠标左键定位文本插入点，单击G2单元格以引用其地址；然后在"Ref"文本框中单击鼠标右键定位文本插入点，拖曳鼠标选择G2:G17单元格区域以引用其地址，如图4-17所示。

图4-16 选择函数

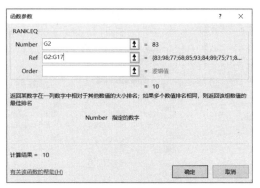

图4-17 设置参数

3 选择G2：G17，按【F4】键将其转换为绝对引用，然后单击 确定 按钮，如图4-18所示。

4 拖曳H2单元格右下角的填充柄至H17单元格，填充函数计算结果，统计各参赛作品的排名，如图4-19所示。

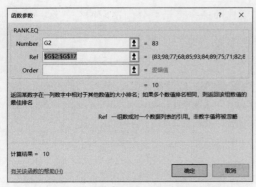

图4-18 转换单元格区域的引用方式　　　　图4-19 填充统计结果

5 按住【Ctrl】键的同时依次选择H3，H5，H7，…,H17单元格，为其填充"浅灰色，背景2"的底纹，效果如图4-20所示。

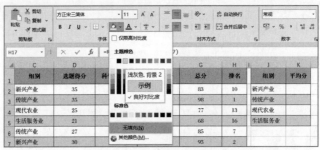

图4-20 设置单元格底纹

扫一扫

借助文心一言统计平均分

（三）借助文心一言统计平均分

在不清楚如何使用公式或函数进行统计的情况下，可以借助文心一言来寻求帮助。下面将借助文心一言统计不同组别参赛作品的平均分，以此来了解不同组别的作品质量，具体操作如下。

1 登录文心一言官方网站，在页面下方的文本框中输入并发送需求。此时，文心一言将推荐相应的方法，并介绍可能会用到的公式或函数的使用说明。单击 复制代码 按钮可复制公式，也可在理解公式的作用后，手动在Excel 2019中进行操作。这里单击 复制代码 按钮复制公式，如图4-21所示。

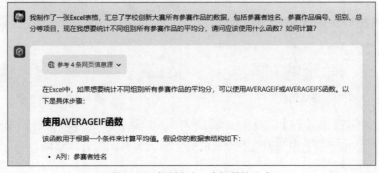

图4-21 复制文心一言提供的公式

2 在Excel 2019操作界面中选择K2单元格，在编辑栏中单击鼠标右键定位文本插入点，按【Ctrl+V】组合键粘贴复制的公式。然后将"组别A"修改为"新兴产业"，将"D:D"修改为"G:G"，并按【Ctrl+Enter】组合键。此时，K2单元格将显示新兴产业组参赛作品的平均分，如图4-22所示。

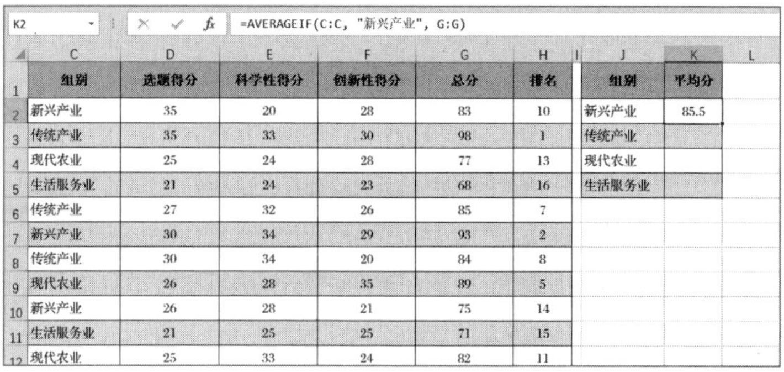

图4-22　粘贴并修改公式

3 复制编辑栏中的公式，选择K3单元格，在编辑栏中单击鼠标右键定位文本插入点，按【Ctrl+V】组合键粘贴公式，将"新兴产业"修改为"传统产业"，然后按【Ctrl+Enter】组合键。此时，K3单元格将显示传统产业组参赛作品的平均分，如图4-23所示。

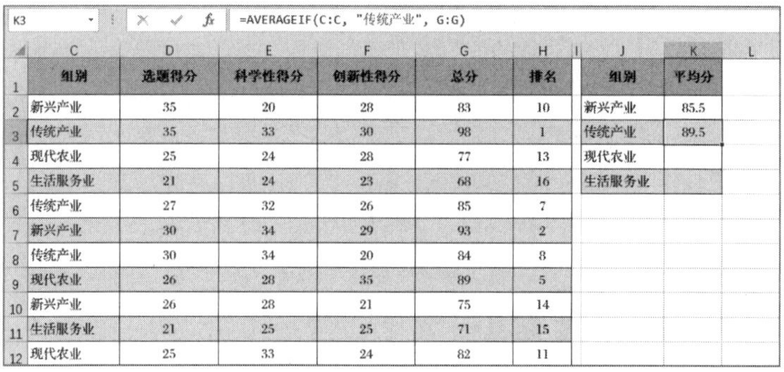

图4-23　修改公式

4 按相同方法输入现代农业组和生活服务业组参赛作品的平均分，完成数据统计后保存工作簿，如图4-24所示。由统计结果可知，在本次举行的校园创新大赛中，传统产业组参赛作品的平均分最高，其次是新兴产业组和现代农业组。这几个组别的参赛作品平均分都超过了80分，作品质量较为理想。但生活服务业组参赛作品的平均分则低于70分，其作品质量还需要进一步提升。

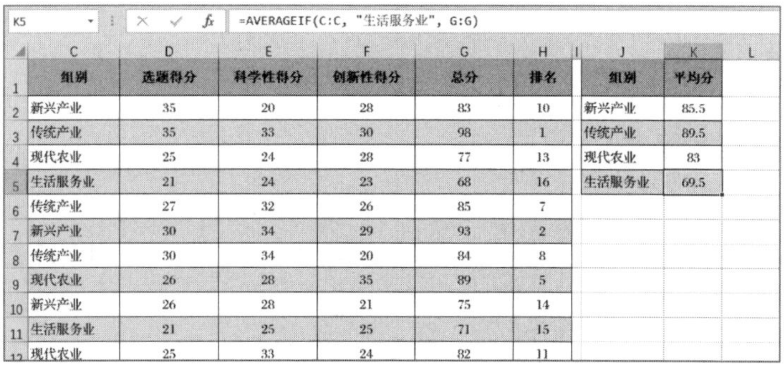

图4-24　统计其他组别参赛作品的平均分

任务二　管理数据——制作工厂实习工资表

一、任务目标

工资表是企业管理和企业运营中不可或缺的文件之一。其具体内容可能会根据企业的不同有所差异，但通常都会包含各种收入项目和扣除项目。工资表的准确性和透明性对于维护员工的合法权益和提高员工的工作积极性至关重要。

本任务的目标是制作一张简单的工厂实习工资表，用于对实习生的实习工资情况进行管理，参考效果如图4-25所示。本任务将重点讲解使用AIGC工具生成VBA代码的方法，以及排序、筛选和分类汇总数据等操作。

姓名	实习编号	实习部门	实习天数/天	实习津贴/元	加班费/元	餐饮补贴/元	应发实习工资/元	考勤扣除/元	实发实习工资/元
汪楠	ATO2576	冲压车间	88.0	4400.0	120.0	880.0	5400.0	60.0	5340.0
李雅惠	PFJ5461	冲压车间	86.0	4300.0	80.0	860.0	5240.0	10.0	5230.0
孟婕菲	BYU3229	冲压车间	86.0	4300.0	60.0	860.0	5220.0	80.0	5140.0
陈滢	WOR8243	冲压车间	83.0	4150.0	140.0	830.0	5120.0	70.0	5050.0
唐航	GIM5139	冲压车间	80.0	4000.0	60.0	800.0	4860.0	0.0	4860.0
钟晨楠	BWX6753	冲压车间	78.0	3900.0	70.0	780.0	4750.0	10.0	4740.0
钟萍	JLZ6060	冲压车间	75.0	3750.0	150.0	750.0	4650.0	80.0	4570.0
黄寒泽	CHA6718	冲压车间	73.0	3650.0	140.0	730.0	4520.0	10.0	4510.0
郭丽	MUT6924	冲压车间	74.0	3700.0	120.0	740.0	4560.0	80.0	4480.0
魏惠辰	DZC4941	冲压车间	69.0	3450.0	190.0	690.0	4330.0	60.0	4270.0
黄舒皑	IEP4794	冲压车间	68.0	3400.0	140.0	680.0	4220.0	30.0	4190.0
孙琴	XHR8411	冲压车间	65.0	3250.0	130.0	650.0	4030.0	40.0	3990.0
何珊	XFE2916	冲压车间	63.0	3150.0	50.0	630.0	3830.0	60.0	3770.0
董雅洪	RBY8936	锻造车间	84.0	4200.0	140.0	840.0	5180.0	10.0	5170.0
萧婭洁	SEU3271	锻造车间	80.0	4000.0	170.0	800.0	4970.0	0.0	4970.0
黄晴	DPY7779	锻造车间	79.0	3950.0	170.0	790.0	4910.0	50.0	4860.0
杨仪滢	AUK2593	锻造车间	80.0	4000.0	60.0	800.0	4860.0	90.0	4770.0
余美	PAY9462	锻造车间	72.0	3600.0	160.0	720.0	4480.0	20.0	4460.0
蒋秀	GVB9813	锻造车间	72.0	3600.0	90.0	720.0	4410.0	40.0	4370.0
刘凡晓	IEX1343	锻造车间	72.0	3600.0	50.0	720.0	4370.0	60.0	4310.0
杨荣	KQQ7485	锻造车间	69.0	3450.0	190.0	690.0	4330.0	60.0	4270.0
郑维	YQF6584	锻造车间	64.0	3200.0	170.0	640.0	4010.0	50.0	3960.0
钟岚	TPR3878	锻造车间	64.0	3200.0	110.0	640.0	3950.0	20.0	3930.0
胡聪晴	RSZ1843	锻造车间	62.0	3100.0	140.0	620.0	3860.0	30.0	3830.0
郑可朗	RFS7929	锻造车间	63.0	3150.0	60.0	630.0	3840.0	30.0	3810.0
刘旭悦	HTH8544	焊接车间	88.0	4400.0	70.0	880.0	5350.0	90.0	5260.0

图4-25　工厂实习工资表参考效果

配套资源

素材文件：项目四\任务二\VBA代码.txt、实习工资表.xlsx。

效果文件：项目四\任务二\实习工资表.xlsm。

二、任务技能

（一）认识数据清单

如果表格中包含数据的单元格区域是连续的，且表格数据以列为分段记录，每一列为一个项目，存放类型数据，以行为数据记录，除表格标题外，第一行为项目字段，其余各行构成一个完整的数据记录，包含每个项目的数据时，那么这种表格就属于数据清单，如图4-26所示。只有当表格为数据清单时，才能对其进行排序、筛选、分类汇总等操作。

每一列为一个项目，存放类型数据

	A	B	C	D	E	F	G	H	I
1	工号	姓名	部门	1月份	2月份	3月份	4月份	5月份	6月份
2	FY013	李雪莹	销售3部	￥8 667.00	￥8 239.00	￥9 416.00	￥10 272.00	￥8 667.00	￥7 704.00
3	FY001	张敏	销售1部	￥7 704.00	￥6 099.00	￥9 844.00	￥10 379.00	￥10 058.00	￥5 457.00
4	FY002	宋子丹	销售1部	￥5 564.00	￥5 564.00	￥9 416.00	￥5 885.00	￥6 741.00	￥7 490.00
5	FY003	黄晓霞	销售1部	￥7 597.00	￥7 169.00	￥9 630.00	￥8 774.00	￥10 379.00	￥7 383.00
6	FY004	刘伟	销售3部	￥8 774.00	￥6 848.00	￥8 132.00	￥6 848.00	￥9 630.00	￥8 453.00
7	FY005	郭建军	销售1部	￥5 564.00	￥8 132.00	￥9 309.00	￥8 667.00	￥10 593.00	￥5 457.00
8	FY006	邓荣芳	销售3部	￥6 420.00	￥5 671.00	￥5 671.00	￥9 737.00	￥10 058.00	￥10 379.00
9	FY007	孙莉	销售1部	￥7 169.00	￥8 346.00	￥10 165.00	￥8 132.00	￥9 844.00	￥6 955.00
10	FY008	黄俊	销售3部	￥7 704.00	￥7 490.00	￥6 527.00	￥6 634.00	￥8 560.00	￥8 881.00
11	FY009	陈子豪	销售3部	￥9 309.00	￥10 165.00	￥5 885.00	￥9 095.00	￥7 490.00	￥8 881.00
12	FY010	蒋科	销售2部	￥9 951.00	￥6 420.00	￥8 988.00	￥9 202.00	￥6 206.00	￥8 239.00
13	FY011	万涛	销售1部	￥6 527.00	￥10 379.00	￥8 239.00	￥10 165.00	￥8 774.00	￥6 527.00
14	FY012	李强	销售3部	￥9 737.00	￥5 457.00	￥6 741.00	￥8 881.00	￥6 848.00	￥7 918.00
15	FY014	赵文峰	销售2部	￥8 774.00	￥5 457.00	￥5 671.00	￥8 667.00	￥10 486.00	￥7 276.00

第一行为项目字段

其余行为完整数据记录

图4-26 数据清单

（二）数据的排序

排序数据是指按照特定规则将数据记录重新排列，目的在于快速获取需要的潜在信息，如了解畅销商品、查看学生成绩等。

1. 快速排序

快速排序是指以选择的单元格所在的项目数据为排序依据，快速对数据记录进行排序操作。快速排序数据的方法：选择表格中作为排序依据的项目对应列下任意包含数据的单元格，单击【数据】/【排序和筛选】中的"升序"按钮^A，数据记录将以升序方式排列；单击"降序"按钮^A，数据记录将以降序方式排列，如图4-27所示。

"升序"按钮

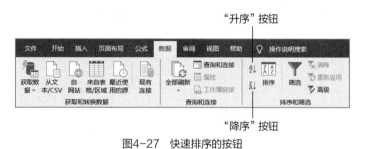

"降序"按钮

图4-27 快速排序的按钮

2. 多关键字排序

多关键字排序是指以多个排序关键字作为排序依据来排列数据记录。当设置的第一个排序依据出现相同的数据记录时，则按照第二个排序依据排列数据记录；当第二个排序依据也出现相同的数据记录时，再按照第三个排序依据排列数据记录，以此类推。设置多关键字排序的方法：选择表格中任意包含数据的单元格，单击【数据】/【排序和筛选】中的"排序"按钮，打开"排序"对话框，在"排序依据"下拉列表框中选择某个表格项目作为第一个排序依据，在"次序"栏中的下拉列表中选择所需的排列方式。然后单击"添加条件(A)"按钮，在"次要关键字"下拉列表中选择另一个项目作为第二个排序依据，在"次序"栏的下拉列表中选择所需的排列方式。如果还需要添加排序依据，则可继续单击"添加条件(A)"按钮，并按相同方法对排序依据进行设置，最后单击"确定"按钮。如图4-28所示，本书设置的排序条件以成交订单数/

125

次为第一个排序依据，从高到低依次排列数据记录。如果某些数据记录的成交订单数相同，则以新访客数/位为第二个排序依据，再从高到低的顺序依次排列这些数据。

图4-28　设置多关键字排序

（三）数据的筛选

当用户需要在海量的数据记录中查看符合条件的数据时，可以使用Excel 2019的筛选功能，快速剔除不符合条件的数据记录，保留想要的结果。这样做可以避免因逐条浏览记录而增加不必要的工作量。

1. 指定筛选内容

指定筛选内容是指筛选出指定内容的数据记录。指定筛选内容的方法：选择任意包含数据的单元格，单击【数据】/【排序和筛选】中的"筛选"按钮▽，然后单击筛选项目右侧的下拉按钮▾，在弹出的下拉列表中单击选中指定内容对应的复选框，单击 确定 按钮。此时，表格中将只显示筛选后的指定内容，如图4-29所示。

图4-29　筛选指定内容的数据

◀)) 提示：若要重新显示出所有数据但不退出筛选状态，则可单击【数据】/【排序和筛选】中的"清除"按钮▽×；若要重新显示出所有数据并退出筛选状态，则可再次单击【数据】/【排序和筛选】中的"筛选"按钮▽。

2. 设置筛选条件

设置筛选条件是指通过对某个项目设置条件来筛选出此项目下满足该条件的数据记录。设置筛选条件的方法：进入筛选状态，单击所需项目右侧的下拉按钮 $\boxed{\cdot}$，在弹出的下拉列表中选择"数字筛选"选项，在弹出的子列表中选择某种条件选项，并在打开的对话框中设置条件，最后单击 $\boxed{确定}$ 按钮，如图4-30所示。

图4-30　按条件筛选数据

3. 高级筛选

相较于条件筛选，高级筛选可通过设置更加复杂的筛选条件来筛选出满足条件的数据记录。例如，若要筛选出类型为"蔬菜"，且销售人员姓名中第二个字为"晓"的数据记录，可以先在表格的其他区域输入高级筛选的条件。这里将"类型"限定为"蔬菜"，"销售人员"限定为"*晓*"，然后单击【数据】/【排序和筛选】中的"高级"按钮 $\mathbb{Y}$，打开"高级筛选"对话框，在"列表区域"文本框中引用表格数据所在的地址，在"条件区域"文本框中引用条件数据所在的地址，最后单击 $\boxed{确定}$ 按钮，表格中将显示经过高级筛选后的数据记录，如图4-31所示。

图4-31　采用高级筛选的方式筛选数据

（四）数据的分类汇总

分类汇总数据可以将数据记录按照某种指定类型重新排列，然后对同类型的数据记录进行汇总计算。分类汇总数据的方法：按照简单排序的方法以分类的项目为排序依据排列数据，然后单击【数据】/【分级显示】中的"分类汇总"按钮 $\blacksquare$，打开"分类汇总"对话框，在"分类字段"下拉列表中选择排序依据对应的项目选项。在"汇总方式"下拉列表中选择某种汇总方式，在"选定汇总项"列表框中单击复选框设置汇总项（可设置一个或多个汇总项），最后单击 确定 按钮，如图4-32所示。该设置表示按类型分类数据，汇总出各类型的商品销售总额。

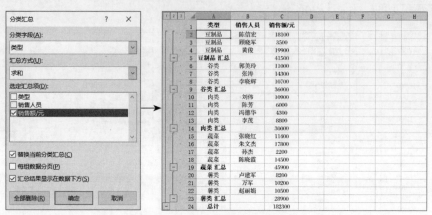

图4-32　分类汇总得到数据结果

> 提示：分类汇总后，工作表左侧会出现代表汇总级别的按钮，单击相应按钮可显示相应级别及以上级别的数据记录。要想删除分类汇总的结果，则可在"分类汇总"对话框中单击 全部删除(R) 按钮。另外，在"分类汇总"对话框中取消选中"替换当前分类汇总"复选框后，可实现对数据进行多次汇总的效果。如果需要同时汇总出总和与平均值，可以进行两次或多次分类汇总操作。

三、任务实施

（一）借助文心一言使用VBA代码填充底纹

扫一扫

借助文心一言使用VBA代码填充底纹

为了美化数据，通常采用为数据单元格填充底纹的方法。如果需要按隔行填充相同底纹的方式来填充表格数据，当数据量少的时候可以手动进行填充，但是当数据量较多时，这种方法就显得非常烦琐。此时，可以利用文心一言生成填充底纹的VBA代码，将其应用在表格中，实现自动填充的效果，大幅提高操作效率。下面将借助文心一言使用代码为"实习工资表.xlsx"填充底纹，具体操作如下。

1 登录文心一言官方网站，在页面下方的文本框中输入发送要求。此时，文心一言将根据要求返回结果，包括VBA代码和执行的方法，然后单击 复制代码 按钮复制代码，如图4-33所示。

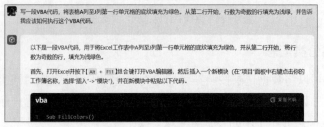

图4-33　复制代码

2 打开"实习工资表.xlsx"素材文件，按【Alt+F11】组合键打开VBA编辑器窗口。然后单击"插入"选项卡，在弹出的列表中选择"模块"选项，如图4-34所示。

3 按【Ctrl+V】组合键粘贴代码（本书配套资源中提供了"VBA代码.txt"素材文件，用户可直接复制其中的代码进行粘贴），然后关闭VBA编辑器窗口，如图4-35所示。

图4-34　插入模块

图4-35　粘贴代码

4 按【Alt+F8】组合键打开"宏"对话框，然后单击 执行(R) 按钮，如图4-36所示。

5 "实习工资表.xlsx"中的单元格区自动填充所需的底纹，如图4-37所示。

图4-36　执行宏

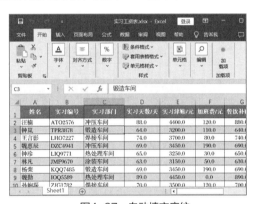

图4-37　自动填充底纹

（二）排序数据

下面将通过排序数据来了解学生的实习天数，然后通过多关键字排序查看实发实习工资的情况，具体操作如下。

扫一扫

排序数据

1 选择D2单元格，单击【数据】/【排序和筛选】中的"降序"按钮。此时，数据记录将以实习天数为依据，从高到低地排列数据，如图4-38所示。由图中数据可知，在此次实习任务中，实习天数最高达到89天，接近3个月，且实习天数不低于85天的学生有8名。

2 单击【数据】/【排序和筛选】中的"排序"按钮，打开"排序"对话框，在"排序依据"下拉列表中选择"实发实习工资/元"选项，在"次序"栏中的下拉列表中选择"降序"选项，如图4-39所示。

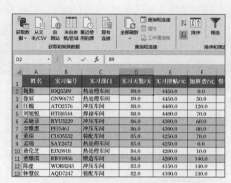

图4-38　按实习天数降序排列数据

图4-39　设置排序主要关键字

3 单击 添加条件(A) 按钮，在"次要关键字"下拉列表中选择"考勤扣除/元"选项，在"次序"栏中的下拉列表中选择"升序"选项，然后单击 确定 按钮，如图4-40所示。

4 数据记录将按照实发实习工资从高到低进行排列。若实发实习工资相同，则按照考勤扣除从低到高排列数据，如图4-41所示。

图4-40　设置排序次要关键字

图4-41　排序结果

（三）筛选数据

下面将利用Excel 2019的筛选功能，筛选出实发实习工资不低于4000元、实习天数小于80天，且考勤扣除小于50元的数据记录，具体操作如下。

1 选择任意包含数据的单元格，单击【数据】/【排序和筛选】中的"筛选"按钮，单击"实发实习工资/元"项目右侧的下拉按钮，在弹出的下拉列表中选择"数字筛选"选项，在弹出的子列表中选择"大于或等于"选项，如图4-42所示。

2 打开"自定义自动筛选"对话框，在"大于或等于"右侧的下拉列表框中输入"4000"。此时，筛选条件被设置为"实发实习工资>=4000"，然后单击 确定 按钮，如图4-43所示。此时，Excel 2019将筛选出所有实发实习工资不低于4000元的数据记录。

3 继续单击"实习天数/天"项目右侧的下拉按钮，在弹出的下拉列表中选择"数字筛选"选项，在弹出的子列表中选择"小于"选项，如图4-44所示。

4 打开"自定义自动筛选"对话框，在"小于"右侧的下拉列表框中输入"80"。此时，筛选条件被设置为"实习天数<80"，然后单击 确定 按钮，如图4-45所示。此时，Excel 2019将筛选出所有实发实习工资不低于4000元，且实习天数小于80天的数据记录。

4

图4-42 以实发实习工资为筛选依据

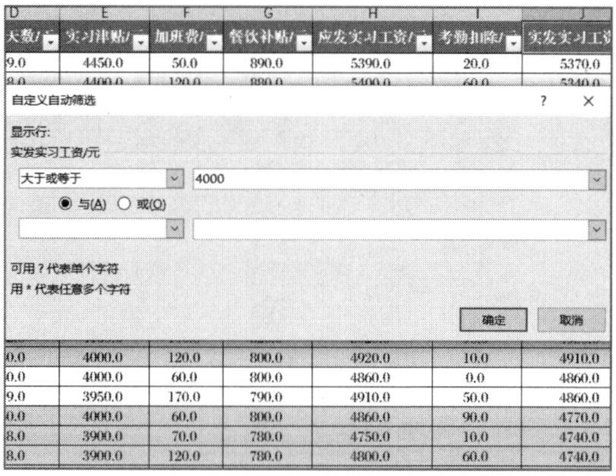

图4-43 设置实发实习工资的筛选条件

图4-44 以实习天数为筛选依据

图4-45 设置实习天数的筛选条件

5 继续单击"考勤扣除/元"项目右侧的下拉按钮 ▼，在弹出的下拉列表中选择"数字筛选"选项，在弹出的子列表中选择"小于"选项，如图4-46所示。

6 打开"自定义自动筛选"对话框，在"小于"右侧的下拉列表框中输入"50"。此时，筛选条件被设置为"考勤扣除<50"，然后单击 确定 按钮，如图4-47所示。

图4-46 以考勤扣除为筛选依据

图4-47 设置考勤扣除的筛选条件

7 Excel 2019将所有实发实习工资不低于4000元，且实习天数小于80天，同时考勤扣除小于50元的数据记录筛选出来了，如图4-48所示。

	A	B	C	D	E	F	G	H	I	J
1	姓名	实习编号	实习部门	实习天数/天	实习津贴/元	加班费/元	餐饮补贴/元	应发实习工资/元	考勤扣除/元	实发实习工资/元
21	钟晨楠	BWX6753	冲压车间	78.0	3900.0	70.0	780.0	4750.0	10.0	4740.0
24	徐可秋	MGD5933	热处理车间	76.0	3800.0	50.0	760.0	4610.0	20.0	4590.0
26	郑晗莉	ESG6187	装配车间	75.0	3750.0	60.0	750.0	4560.0	40.0	4520.0
28	黄栗泽	CHA6718	冲压车间	73.0	3650.0	140.0	730.0	4520.0	10.0	4510.0
30	余美	PAY9462	锻造车间	72.0	3600.0	160.0	720.0	4480.0	20.0	4460.0
32	赵英萍	QVT4377	涂装车间	73.0	3650.0	20.0	730.0	4400.0	30.0	4370.0
33	蒋秀	GVB9813	锻造车间	72.0	3600.0	90.0	720.0	4410.0	40.0	4370.0
34	魏凡	CWU3227	装配车间	71.0	3550.0	90.0	710.0	4350.0	30.0	4320.0
36	孙烔琛	ZJG1782	焊接车间	70.0	3500.0	120.0	700.0	4320.0	30.0	4290.0
38	黄舒皓	IEP4794	热处理车间	68.0	3400.0	140.0	680.0	4220.0	30.0	4190.0
40	刘芳	QLI8463	装配车间	66.0	3300.0	170.0	660.0	4130.0	30.0	4100.0
41	杨勤浩	HIG7887	热处理车间	65.0	3250.0	190.0	650.0	4090.0	40.0	4050.0

图4-48 筛选结果

（四）分类汇总数据

扫一扫

分类汇总数据

下面将根据不同的实习部门，分类汇总出各部门学生的平均实习天数和平均实发实习工资，具体操作如下。

1 选择C2单元格，单击【数据】/【排序和筛选】中的"升序"按钮 ，此时数据记录将以实习部门为依据，按中文拼音的首字母先后顺序进行排列，如图4-49所示。

2 单击【数据】/【分级显示】中的"分类汇总"按钮 ，打开"分类汇总"对话框，在"分类字段"下拉列表中选择"实习部门"选项，在"汇总方式"下拉列表中选择"平均值"选项，在"选定汇总项"列表框中单击选中"实习天数/天"复选框和"实发实习工资/元"复选框，然后单击 确定 按钮，如图4-50所示。此时，Excel 2019将分类汇总出不同部门学生的平均实习天数和平均实发实习工资数据记录。

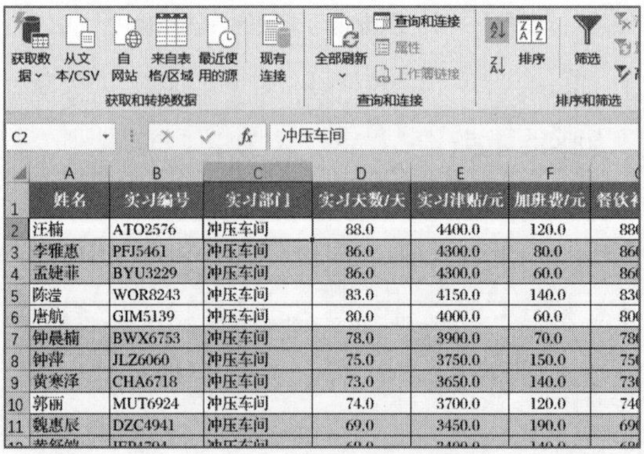

图4-49 按实习部门排序数据

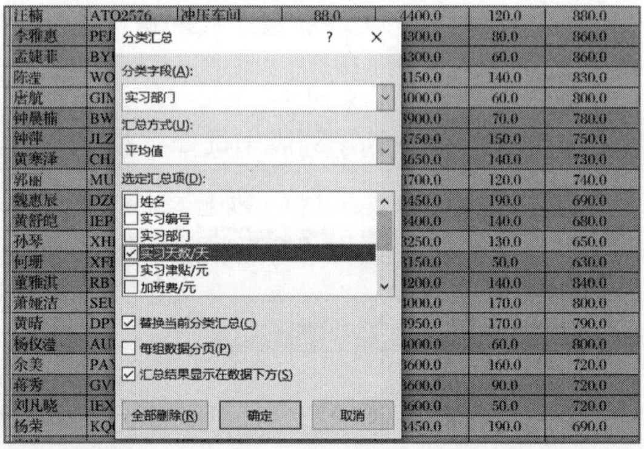

图4-50 汇总实习天数

3 单击工作表左侧的"2级"按钮 ，表格中将仅显示各部门的实习天数和实发实习工资的数据记录平均值和总计平均值，如图4-51所示。

	A	B	C	D	E	F	G	H	I	J
1	姓名	实习编号	实习部门	实习天数/天	实习津贴/元	加班费/元	餐饮补贴/元	应发实习工资/元	考勤扣除/元	实发实习工资/元
15			冲压车间 平均	76.0						4626.2
28			锻造车间 平均	71.8						4392.5
36			焊接车间 平均	76.0						4625.7
45			热处理车间 平	77.5						4642.5
52			涂装车间 平均	68.3						4098.3
61			装配车间 平均	74.4						4516.3
62			总计平均值	74.2						4501.7

图4-51 汇总结果

4️⃣ 再次打开"分类汇总"对话框，单击 全部删除(R) 按钮删除分类汇总结果。取消所有数据记录的底纹，按【Alt+F8】组合键打开"宏"对话框，单击 执行(R) 按钮重新自动隔行添加底纹，然后通过"另存为"将工作簿以".xlsm"格式进行保存，如图4-52所示。

图4-52　将工作簿保存为"Excel启用宏的工作簿"格式

任务三　可视化数据——制作特色农产品销售统计表

一、任务目标

销售统计表可以让企业或个人实时了解商品的销售情况，包括销售额、销量等关键指标，从而监控销售业绩是否符合预期。同时，由于销售统计表记录了详细的销售数据，因此，也可以通过分析这些数据发现销售趋势、销售季节性变化、市场动向等潜在信息，从而为制定精准的销售策略提供依据。

本任务的目标是为某种特色农产品制作一张销售统计表，详细记录一段时期内该农产品的销售数据，并利用图表等可视化手段形象生动地展示销售数据，参考效果如图4-53所示。本任务将重点讲解使用AIGC工具创建图表、图表的编辑与美化、数据透视表和数据透视图的创建与设置等操作。

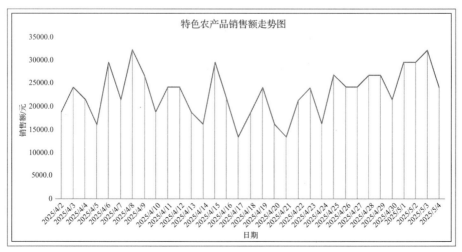

图4-53　特色农产品销售统计表参考效果

配套资源

素材文件：项目四\任务三\特色农产品销售统计表.xlsx。

效果文件：项目四\任务三\特色农产品销售统计表.xlsx。

二、任务技能

（一）图表的构成

图表的组成根据图表类型的不同而不同。以常见的二维簇状柱形图为例，其构成部分包括图表标题、图例、数据系列、数据标签、网格线、坐标轴、坐标轴标题等，如图4-54所示。

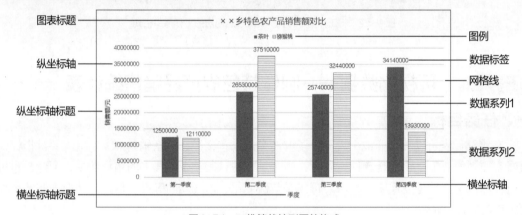

图4-54　二维簇状柱形图的构成

● **图表标题**：图表标题即图表名称，它可以让使用者了解图表的主题，是创建图表时默认的组成部分。图表标题一般位于图表上方，用户可以根据需要将其移动或删除。

● **图例**：图例可以显示数据系列所代表的内容。图4-54中包含两个数据系列，通过图例可以清楚地知道纯色填充的数据系列代表的是茶叶的销售额，横线图案填充的数据系列代表的是猕猴桃的销售额。当图表中仅存在一种数据系列时，且图表标题可以说明图中所示的数据内容时，可以删除图例；但如果存在多组数据系列，那么需要保留图例。

● **数据系列**：图表中的图形部分就是数据系列，它将工作表行或列中的数据显示为图形，是数据可视化的直观体现。数据系列中的每一组图形对应一组数据，每个数据系列呈统一的样式。一张图表中可以同时存在多个数据系列，也可以仅有一个数据系列，但不能没有数据系列。

● **数据标签**：数据标签可以显示某个数据系列代表的具体数据，实际应用中可根据需要选择是否显示或隐藏数据标签。当显示数据标签时，也可以设置数据标签的显示位置和显示内容。

● **网格线**：网格线分为水平网格线和垂直网格线，每种网格线又有主要网格线和次要网格线之分。网络线的作用是更好地表现数据系列所代表的数据大小。网格线并不是图表必要的组成部分，用户可根据需要删除或添加。

● **坐标轴**：坐标轴分为横坐标轴和纵坐标轴，用于辅助显示数据系列的类别和大小。坐标轴可以删除，但一般都会保留在图表中，因为这会使图表数据更容易被识别和理解。

● **坐标轴标题**：坐标轴标题同样分为横坐标轴标题和纵坐标轴标题，如果建立的是组合图，还可以添加主要坐标轴标题和次要坐标轴标题。

（二）图表的类型

不同类型的图表有独特的数据特征表达优势，只有了解各种图表类型所具有的特点，才能更好地挑选合适的图表来可视化数据。Excel 2019提供了许多图表类型，其中较为常用的图表类型包括柱形图、折线图、饼图、组合图等。

1. 柱形图

柱形图可以清晰地对比数据之间的大小情况。当用户需要对比一组数据的大小时，可以选择柱形图来表现数据。除此之外，柱形图还能反映数据在一段时间内的变化情况，如图4-55所示。

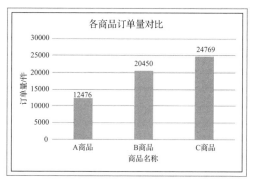

图4-55　柱形图

🔊 提示：条形图也是一种常见的图表类型，它与柱形图较为类似，也可用于对比数据之间的大小情况。需要注意的是，柱形图是在垂直方向上展示数据，而条形图则是在水平方向上展示数据。

2. 折线图

折线图可以将同一数据系列的数据以点或线的形式表示出来，从而直观显示数据的变化趋势。当用户需要分析数据在一定时期内的变化情况时，就可以选择折线图来表现数据，如图4-56所示。

3. 饼图

饼图可以显示单个数据系列中各项数据的大小与数据总和的比较，从而直观显示出各数据占数据总和的比例。当用户需要分析局部数据占整体数据的比例时，就可以选择饼图来表现数据，如图4-57所示。

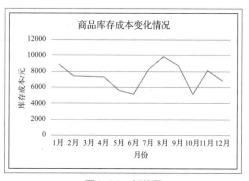

图4-56　折线图

4. 组合图

组合图是指使用两种或两种以上类型的图表来展示数据的组合图表，不同的图表可以拥有一个共同的横坐标轴和不同的纵坐标轴。当两组或多组数据系列的数值大小差异过大时，就可以选择组合图来更好地表现数据。图4-58所示为柱形图和折线图组成的组合图。

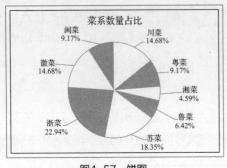

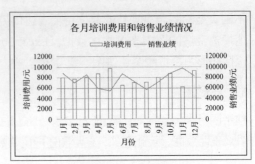

图4-57 饼图　　　　　　　　　　　图4-58 组合图

（三）创建与编辑图表

在Excel 2019中可以十分轻松地完成图表的创建与编辑操作，使图表能够更好地展示数据信息。

1. 创建图表

在Excel 2019中，创建图表往往先选择已有的数据为数据源，然后选择合适的图表类型以进行创建。创建图表的方法：选择数据源所在的单元格区域，单击【插入】/【图表】中代表某种图表类型的按钮，在弹出的下拉列表中选择需要的图表选项，如图4-59所示。

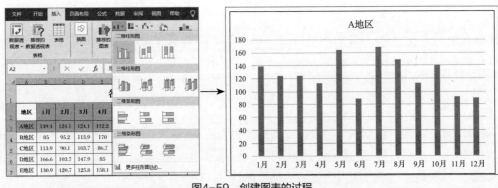

图4-59 创建图表的过程

2. 编辑图表

编辑图表包括调整图表和美化图表等操作，合理调整与美化图表，能够提升图表的美观性、专业性和可读性。

● **调整图表大小**：选择图表，拖曳图表边框上的白色控制点可任意调整图表大小。如果要精确调整图表大小，则可在【格式】/【大小】中输入图表具体的宽度值和高度值。

● **调整图表位置**：选择图表，将鼠标指针移至图表中的空白区域，如图表标题左右两侧的空白区域等，按住鼠标左键不放并拖曳，释放鼠标后便可调整图表的位置。

● **调整图表布局**：调整图表布局是指对图表的组成部分进行设置。调整图表布局的方法：单击【图表设计】/【图表布局】中的"添加图表元素"按钮，在弹出的下拉列表中选择需要添加或隐藏的图表组成部分。在弹出的子列表中选择所需的选项，如从"图表标题"选项的下拉列表中选择"无"选项，可将图表标题隐藏，若选择"图表上方"选项，则可使图表标题出现在图表的上方，如图4-60所示。

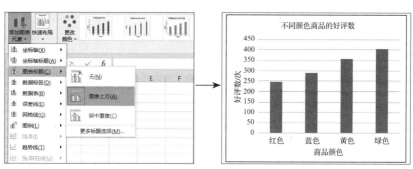

图4-60　调整图表布局

提示：若想快速实现对图表布局的调整操作，可选择图表，单击【图表设计】/【图表布局】组中的"快速布局"按钮，在弹出的下拉列表中选择所需的布局选项。

● **应用图表样式**：使用Excel 2019内置的图表样式可以达到快速美化图表的目的。应用图表样式的方法：选择图表，在【图表设计】/【图表样式】中的"快速样式"下拉列表中选择所需的样式选项。

● **设置图表格式**：设置图表格式主要是对图表中某个组成部分的格式进行设置。设置图表格式的方法：选择需要设置格式的图表组成部分，在【格式】/【形状样式】中的"快速样式"下拉列表中选择所需的样式选项，也可以单击"形状填充"按钮及其右侧的下拉按钮和"形状轮廓"按钮及其右侧的下拉按钮进行设置。

● **设置图表字体格式**：选择整个图表时，可对图表中各组成部分的字体格式进行统一设置；选择图表中的某个组成部分时，可只对该组成部分的字体格式进行单独设置。无论是哪种操作，都可在【开始】/【字体】中进行设置。

（四）数据透视表与数据透视图

创建数据透视表和数据透视图可以更好地与数据进行交互，呈现更明显的可视化效果。Excel 2019只需利用表格中现有的项目字段便可建立各种表格和图表，极大简化了用户对数据的分析工作。

1. 数据透视表

数据透视表是一种数据分析工具，通常用于汇总和分析大量数据。数据透视表具有较强的灵活性和交互性，能够根据字段同步更新表格内容，也能够根据用户的需要随时调整汇总方式。创建数据透视表的方法：单击【插入】/【表格】中的"数据透视表"按钮，打开"来自表格或区域的数据透视表"对话框，在"表/区域"文本框中设置数据源，在"选择放置数据透视表的位置"栏中设置数据透视表的创建位置，然后单击 确定 按钮创建空白数据透视表。此时，在打开的"数据透视表字段"任务窗格中，将所需字段拖曳至下方相应的列表框中，便可完成数据透视表的创建操作，如图4-61所示。

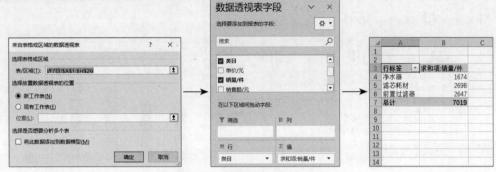

图4-61　创建数据透视表的过程

2. 数据透视图

数据透视图可以直接创建，也可以在数据透视表的基础上进行创建。直接创建数据透视图的方法：单击【插入】/【图表】中的"数据透视图"按钮，打开"创建数据透视图"对话框，按创建数据透视表的方法设置数据透视图的数据源和创建位置后，单击 确定 按钮。然后在打开的"数据透视图字段"任务窗格中，将所需字段拖曳至下方相应的列表框中，便可创建类型为柱形图的数据透视图，同时将自动创建相应的数据透视表，如图4-62所示。

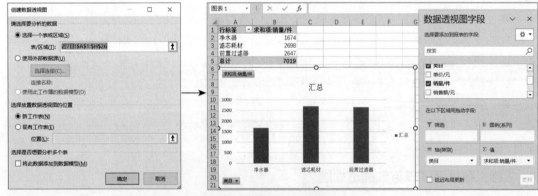

图4-62　创建数据透视图的过程

提示：通过直接创建数据透视图的方式创建数据透视图后，可单击【设计】/【类型】中的"更改图表类型"按钮，在打开的"更改图表类型"对话框中选择所需的图表类型。

在数据透视表的基础上创建数据透视图的方法：选择数据透视表中任意包含数据的单元格，单击【数据透视表分析】/【工具】中的"数据透视图"按钮，在打开的"插入图表"对话框中选择所需的图表类型，然后单击 确定 按钮，如图4-63所示。

图4-63 选择图表类型

三、任务实施

（一）借助文心一言创建图表

当用户制作好一张表格后，若不知道应该如何利用图表来分析表格数据时，则可以借助AIGC工具来获取灵感或帮助。下面将在文心一言中提出利用图表分析数据的要求，然后通过文心一言的回答找到合适的方法，并在Excel 2019中创建出相应的图表，具体操作如下。

1 登录文心一言官方网站，在页面下方的文本框中输入需求，然后按【Enter】键发送需求，文心一言将根据需求做出有效回答，如图4-64所示。

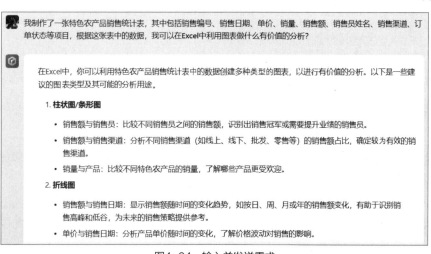

图4-64 输入并发送需求

2 打开"特色农产品销售统计表.xlsx"素材文件，选择B1:B34单元格区域，按住【Ctrl】键的同时，加选E1:E34单元格区域。然后单击【插入】/【图表】中的"插入折线图或面积图"按钮 ⋈⋅，在弹出的下拉列表中选择"折线图"选项（第一种图表），如图4-65所示。

3 在表格中创建的折线图，其大小、位置和格式都处于默认状态，如图4-66所示。

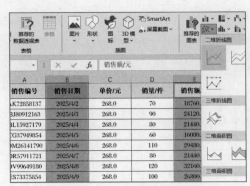

图4-65　选择图表类型

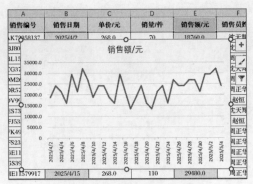

图4-66　创建的折线图效果

（二）编辑与美化图表

下面将对创建的折线图进行适当编辑和美化，以提升图表的美观性和可读性，具体操作如下。

1 选择图表，单击【图表设计】/【图表布局】中的"快速布局"按钮，在弹出的下拉列表中选择"布局7"选项。然后选择图表右侧的图例对象，按【Delete】键将其删除，如图4-67所示。

2 选择横坐标轴标题，拖曳鼠标选择其中的文本，将其修改为"日期"，然后按相同方法将纵坐标轴标题的内容修改为"销售额/元"，如图4-68所示。

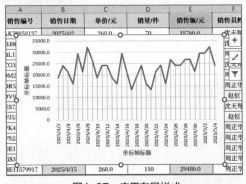

图4-67　应用布局样式

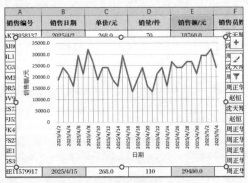

图4-68　修改坐标轴标题

3 选择水平网格线，按【Delete】键将其删除，然后对图表中各组成部分的字体统一选择"方正兰亭细黑简体"选项，如图4-69所示。

4 单击【图表设计】/【图表布局】中的"添加图表元素"按钮，在弹出的下拉列表中选择"图表标题"选项，在弹出的子列表中选择"图表上方"选项，然后将添加的图表标题修改为"特色农产品销售额走势图"，如图4-70所示。

> 提示：删除图表中的某些组成部分或图表本身时，均可使用【Delete】键实现。但对于数据标签而言，若只需删除一组数据标签中的某一个数据标签，可以单击任意一个数据标签将整组数据标签选中，然后再次单击需要删除的数据标签，并按【Delete】键即可将指定数据标签删除。

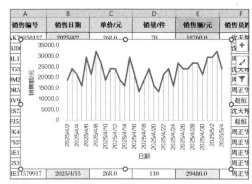

图4-69 删除网格线并设置字体

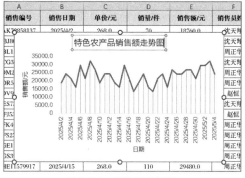

图4-70 添加图表标题

5 拖曳图表标题右侧的空白区域，将图表移动至表格的空白区域，然后拖曳图表右下角的控制点，增加图表的宽度和高度，如图4-71所示。由图可知，该农产品在特定时期内的销售额走势并不稳定，一天的销售额最高已超过30000元，最低则不到15000元。

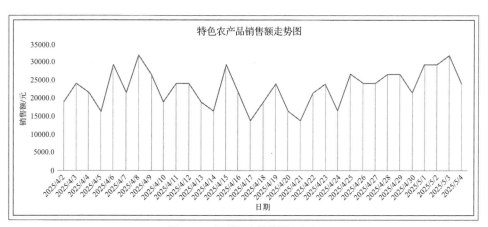

图4-71 调整图表的位置和大小

（三）创建数据透视表和数据透视图

由于无法直接利用表格数据对比不同销售员的销售额数据，因此，下面将通过创建数据透视表和数据透视图的方式来汇总得到不同销售员的销售额数据，并借助柱形图实现对比目的，具体操作如下。

1 选择A1单元格，单击【插入】/【表格】中的"数据透视表"按钮，打开"来自表格或区域的数据透视表"对话框，默认"表/区域"文本框中引用的数据源地址后，单击选中"新工作表"单选项，再单击 确定 按钮，如图4-72所示。

2 新建空白数据透视表，在"数据透视表字段"任务窗格中将"销售员姓名"字段拖曳至下方的"行"列表框中，将"销售额/元"字段拖曳至下方的"值"列表框中。此时，数据透视表中将自动汇总出不同销售员的销售额数据，如图4-73所示。

3 选择数据透视表中任意包含数据的单元格，单击【数据透视表分析】/【工具】中的"数据透视图"按钮，打开"插入图表"对话框，默认选择柱形图选项，单击 确定 按钮。

图4-72 创建数据透视表

图4-73 添加字段

4 选择数据透视图，单击【数据透视图设计】/【图表布局】中的"添加图表元素"按钮，在弹出的下拉列表中选择"坐标轴标题"选项，在弹出的子列表中选择"主要横坐标轴"选项，然后将添加的横坐标轴标题修改为"销售员"；再次单击"添加图表元素"按钮，在弹出的下拉列表中选择"坐标轴标题"选项，在弹出的子列表中选择"主要纵坐标轴"选项，然后将添加的纵坐标轴标题修改为"销售额/元"，如图4-74所示。

5 删除图表标题和图例对象，并使用"添加图表元素"按钮在数据系列上方添加数据标签，如图4-75所示。

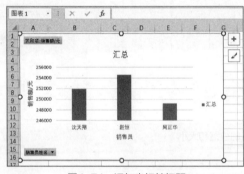

图4-74 添加坐标轴标题

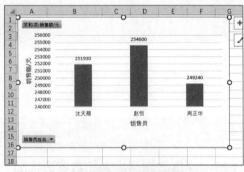

图4-75 添加数据标签

6 对图表中各组成部分的字体统一选择"方正兰亭细黑简体"选项，然后适当调整图表的大小和位置，最后保存工作簿，如图4-76所示。由图可知，赵恒的销售额数据最高，周正华的销售额数据最低。

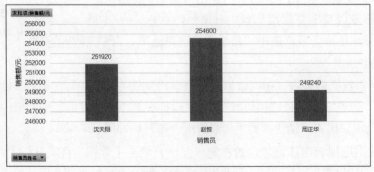

图4-76 调整图表

项目实训

实训1 制作考试成绩汇总表

一、实训要求

考试成绩汇总表可以显示出每位学生的考试结果，不仅便于教师查阅考试成绩，也方便教师通过排序、筛选等管理操作分析学生的考试情况。现需要制作一张某班级的期末考试成绩汇总表，要求表格不仅能展现出每位学生的考试成绩，还可以快速查询到指定学生的总分、平均分和排名数据，参考效果如图4-77所示。

	A	B	C	D	E	F	G	H	I	J	K	L
1	学号	姓名	离散数学	线性代数	概率论	编译原理	操作系统	数据结构	人工智能	总分	平均分	排名
20	DKJ019	黄旭	88	61	97	59	50	67	99	521.0	74.4	15
21	DKJ020	熊晴	76	88	96	83	56	52	86	537.0	76.7	11
22	DKJ021	韩悦	91	69	74	90	75	69	74	542.0	77.4	8
23	DKJ022	马滢	72	53	83	64	66	71	51	460.0	65.7	38
24	DKJ023	钟婉英	67	70	66	78	94	88	63	526.0	75.1	14
25	DKJ024	韩鸣枫	100	73	64	58	89	92	78	554.0	79.1	3
26	DKJ025	魏聪	99	82	72	85	71	69	57	535.0	76.4	12
27	DKJ026	赵玲	92	80	100	56	81	99	99	607.0	86.7	1
28	DKJ027	魏瑰	67	73	59	85	82	98	87	551.0	78.7	5
29	DKJ028	王榕	52	58	80	53	86	100	59	488.0	69.7	30
30	DKJ029	萧娴	77	62	86	60	65	90	56	496.0	70.9	29
31	DKJ030	赵之	100	91	50	51	85	65	79	521.0	74.4	15
32	DKJ031	汪钧	68	83	85	50	69	63	90	508.0	72.6	21
33	DKJ032	李莉	67	88	62	92	67	55	80	511.0	73.0	17
34	DKJ033	陈雅伦	82	95	55	66	63	66	83	510.0	72.9	20
35	DKJ034	宋岚	67	73	59	56	87	71	58	471.0	67.3	36
36	DKJ035	章淇鸣	98	56	81	50	52	56	95	488.0	69.7	30
37	DKJ036	黄婕	51	53	67	64	71	54	64	424.0	60.6	40
38	DKJ037	周鹏菲	72	75	96	59	52	57	70	481.0	68.7	35
39	DKJ038	魏秀斌	75	88	77	66	54	76	75	511.0	73.0	17
40	DKJ039	胡悦维	98	53	84	91	71	75	59	531.0	75.9	13
41	DKJ040	冯聪	53	57	96	57	63	53	76	455.0	65.0	39
42												
43		学生姓名	总分	平均分	排名							
44		魏秀斌	511.0	73.0	17							

图4-77 考试成绩汇总表参考效果

配套资源

素材文件：项目四\项目实训\考试成绩汇总表.xlsx。

效果文件：项目四\项目实训\考试成绩汇总表.xlsx。

二、实训思路

（1）打开"考试成绩汇总表.xlsx"素材文件，利用SUM函数、AVERAGE函数和RANK.EQ函数分别计算出每位学生的总分、平均分和排名数据。

（2）利用数据验证功能中的"序列"增加验证条件，引用学生姓名所在的单元格区域，实现通过选择的方式输入学生姓名的功能。

（3）询问文心一言应该如何在表格中实现成绩查询的操作。

（4）结合文心一言给出的答案使用相应的函数或公式，并根据所选的学生姓名返回学生的总分、平均分和排名数据。

扫一扫

制作考试成绩汇总表

实训2　制作体育用品采购表

一、实训要求

采购表能够记录采购活动的详细数据和关键指标，企业或个人可以通过这些数据进行成本控制、优化采购流程等操作，从而确保采购活动的合规性和有效性。现需要制作一张体育用品采购表，要求不仅要能通过表格数据展示采购内容，还要能通过图表直观反映不同类别的体育用品的采购金额，参考效果如图4-78所示。

规格型号	类别	单位	数量	单价/元	总价/元
男款42码	鞋类	双	20	200.0	4000.0
女款38码	鞋类	双	20	180.0	3600.0
标准	球类	副	15	150.0	2250.0
标准	球类	个	10	200.0	2000.0
标准7号	球类	个	15	120.0	1800.0
标准5号	球类	个	10	150.0	1500.0
标准	球类	副	30	50.0	1500.0
标准	健身器材	副	5	300.0	1500.0
长筒	鞋类	双	100	10.0	1000.0
600ml	其他	个	50	20.0	1000.0
标准4号	球类	个	8	100.0	800.0
标准	球类	盒	50	15.0	750.0
1kg	健身器材	个	30	25.0	750.0
标准	护具	副	5	150.0	750.0
标准3号	球类	个	20	35.0	700.0
标准	护具	副	30	20.0	600.0
标准	护具	副	40	15.0	600.0
标准	护具	副	50	10.0	500.0
普通	健身器材	根	40	12.0	480.0
标准	球类	盒	10	30.0	300.0

图4-78　体育用品采购表参考效果

配套资源

素材文件：项目四\项目实训\VBA代码、体育用品采购表.xlsx。

效果文件：项目四\项目实训\体育用品采购表.xlsm。

二、实训思路

扫一扫

制作体育用品采购表

（1）打开"体育用品采购表.xlsx"素材文件，利用公式计算出各体育用品的采购总价。

（2）按总价降序排列数据，以了解各种体育用品采购总价的高低。

（3）在新工作表中创建数据透视表，汇总出不同类别体育用品的采购总价，并以此数据为基础创建数据透视图。

（4）为数据透视图应用"布局7"布局样式，然后修改坐标轴标题、移动图表标题、删除图例、添加数据标签和设置字体格式，最后适当调整图表尺寸。

（5）返回"Sheet1"工作表，借助文心一言创建VBA代码，要求为数据区域添加边框、为第一行数据添加中度灰色底纹并加粗字体，为其他行隔行添加浅灰色底纹，然后在VBA编辑器窗口中插入模块、复制代码，最后运行宏。

（6）将工作簿以".xlsm"格式进行保存。

强化练习

练习1 制作校园义卖统计表

请利用公式计算出每一笔义卖交易的总价。此时，可以借助文心一言生成公式，并根据义卖物品类别进行分类。然后筛选出义卖单价大于100元的数据记录，最后汇总出不同类别义卖物品的义卖总价，参考效果如图4-79所示。

配套资源

素材文件：项目四\强化练习\校园义卖统计表.xlsx。

效果文件：项目四\强化练习\校园义卖统计表.xlsx。

义卖者	义卖物品	类别	数量	单位	单价/元	总价/元
郑仪斌	旧衣服	服装	8	件	15	120
郭美辰	旧裤子	服装	2	件	10	20
汪丽	旧衣服	服装	2	件	20	40
冯越	旧衣服	服装	5	件	25	125
		服装 汇总				305
刘丽柔	旧帽子	家具	1	张	50	50
沈静之	旧书桌	家具	3	张	100	300
		家具 汇总				350
蒋若云	手工艺品	其他	2	个	30	60
刘倩娜	手工艺品	其他	10	个	5	50
韩美	手工艺品	其他	5	个	20	100
		其他 汇总				210
魏丹	旧教科书	书籍	5	本	10	50
孙旭	旧小说	书籍	3	本	8	24
张贵晨	旧杂志	书籍	3	本	12	36
蒋婧	旧小说	书籍	6	本	10	60
唐薇	旧教科书	书籍	4	本	50	200
张潇	旧教科书	书籍	10	本	15	150
孟钧可	旧教科书	书籍	2	本	150	300
		书籍 汇总				820
吴晓晓	旧电脑	数码用品	1	台	200	200
郭洁	旧手机	数码用品	2	台	100	200
蒋文如	旧相机	数码用品	1	台	300	300
董雪	旧手机	数码用品	1	台	100	100
		数码用品 汇总				800
		总计				2485

图4-79 校园义卖统计表参考效果

练习2 制作校园歌手大赛成绩表

利用公式和函数计算出每一位校园歌手大赛参赛选手的总分、平均分和排名数据，借助文心一言查询应该如何建立分析男女参赛选手平均得分的图表，然后在表格中建立并设置相应的图表，参考效果如图4-80所示。

配套资源

素材文件：项目四\强化练习\校园歌手大赛成绩表.xlsx。

效果文件：项目四\强化练习\校园歌手大赛成绩表.xlsx。

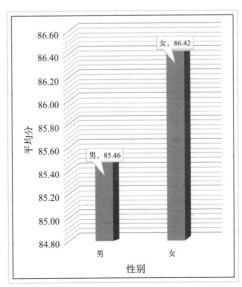

图4-80 男女生平均得分对比图参考效果

PART 5

项目五
PowerPoint 2019基础操作

项目导读

　　PowerPoint 2019拥有直观易用的界面和丰富的功能，可以为用户制作专业、动态且引人入胜的演示文稿提供极大便利，被广泛应用于会议、教育、培训和商业展示等场合演示文稿的制作过程。

　　演示文稿在现代社会中已经成为信息传递和交流的重要工具，无论是商务演讲、课堂讲解还是产品推广，一个设计精良、内容丰富的演示文稿都能极大提升信息传递的效果。因此，掌握PowerPoint 2019的基本操作对于提升个人或团队的信息展示能力至关重要。

　　本项目将先介绍PowerPoint 2019的操作界面，然后讲解各种演示文稿的基础操作，如幻灯片的操作、在幻灯片中插入各种对象、幻灯片的母版与主题设置等。通过学习本项目，用户可以掌握PowerPoint 2019的基础操作，并学会使用AIGC工具创建大纲以及根据文件生成大纲的方法。

学习目标

- 熟悉PowerPoint 2019的操作界面。
- 了解幻灯片、占位符和演示文稿的设计原则。
- 掌握幻灯片的基本操作。
- 掌握在幻灯片中插入不同对象的操作方法。
- 熟悉幻灯片母版和版式的设置。
- 熟悉演示文稿主题和背景的应用与调整。

素养目标

- 培养职业道德和责任意识，树立对作品负责、对观众负责的意识。
- 通过制作具有中国特色的演示文稿意识到传播和弘扬中华文化的重要性，从而增强文化自信和民族自豪感。

任务一　认识PowerPoint 2019

一、任务目标

PowerPoint 2019是Office 2019软件中的设计与制作演示文稿组件，它可以帮助商务人士进行产品展示、方案讲解、市场分析，也可以帮助教师进行课堂教学、在线演示、培训演讲，还可以帮助个人进行简历制作、作品展示等，是非常得力的演示工具之一。

本任务的目标主要是认识PowerPoint 2019的操作界面，了解幻灯片和占位符，以及演示文稿的设计原则，为后面的学习打下基础。

二、任务技能

（一）认识PowerPoint 2019的操作界面

PowerPoint 2019的操作界面同样由"文件"菜单、标题栏、快速访问工具栏、控制按钮、功能区、选项卡、智能搜索框、编辑区、状态栏等部分组成。除了编辑区外，其他部分的作用与Word 2019和Excel 2019相同部分的作用相似。这里重点介绍PowerPoint 2019编辑区的相关功能，如图5-1所示。

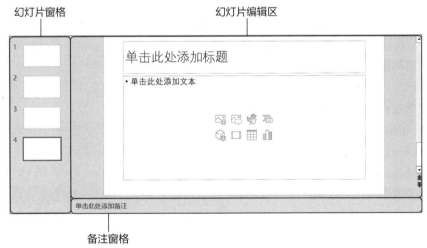

图5-1　PowerPoint 2019操作界面中的编辑区

● **幻灯片窗格**：幻灯片窗格可以显示当前演示文稿中各张幻灯片的缩略图，允许用户在其中执行选择、新建、删除、复制、移动等基本操作。

● **幻灯片编辑区**：幻灯片编辑区是制作演示文稿的核心区域，可以为所选幻灯片添加各种对象，包括文本、图片、图形、背景等，还可以为这些对象添加动画效果。

● **备注窗格**：备注窗格主要用于为当前幻灯片添加备注内容，以辅助演讲者演讲。添加备注的方法：在幻灯片窗格中选择目标幻灯片，在备注窗格中单击鼠标右键定位文本插入点，然后直接输入备注内容。

（二）了解幻灯片和各种占位符

在演示文稿中，幻灯片和占位符是两个非常重要的对象，它们在创建和编辑演示文稿时起到关键作用。

1. 幻灯片

幻灯片是演示文稿的基本组成部分。每张幻灯片都包含一个或多个可以编辑的区域，用于展示文本、图片、图表、形状等各种内容。每张幻灯片都可以独立编辑，也可以为其设置动画效果和切换效果，放映起来更加生动。最终通过放映各张幻灯片的内容，观众能看到一个完整的演示文稿。

2. 占位符

占位符是幻灯片中预先定义好的一种特殊类型的文本框，用于提示用户在该位置可以添加特定类型的内容，如标题、副标题、图片、图表等。图5-1所示的操作界面中就包含标题占位符和内容占位符两种占位符类型。

占位符为用户提供了一种快速添加和编辑内容的方式，使用户能够更轻松地组织和呈现信息，同时还能确保演示文稿的一致性和专业性。

（三）了解演示文稿的设计原则

演示文稿的设计原则应侧重于如何有效地传达信息，在保持观众注意力的同时，引导他们跟随演讲者的思路。基本的演示文稿设计原则如下。

● **内容简洁**：幻灯片的内容应直接、明确地传达给观众，避免使用过多文字和复杂的版式来传达要点。

● **突出重点**：可以利用字体、字号、字体颜色、位置等不同设置来区分不同重要程度的信息。但为了确保内容简洁的原则，每张幻灯片上一般只需展示一个主要观点或信息点。

● **风格一致**：保持整个演示文稿风格、字体、颜色和布局的一致性，有助于观众更容易地跟随演讲者的思路，增强演示文稿的专业性。

● **具有吸引力**：可以使用图形、图像、图表等元素来增加演示文稿的吸引力，但需要确保这些对象与内容或主题相关，且不能与前面几种原则冲突。

任务二　编辑幻灯片——制作大美江南演示文稿

一、任务目标

大美江南演示文稿可以向观众介绍江南的自然风光、文化、美食和发展现状等情况，帮助观众快速了解祖国江南地区的历史文化、民风民俗等，激发观众的好奇心和探索欲。

本任务的目标是制作大美江南的演示文稿，参考效果如图5-2所示。本任务将重点讲解使用AIGC工具创建演示文稿、编辑幻灯片，以及输入与编辑文本等操作。

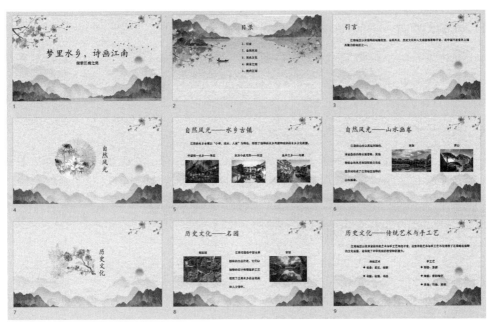

图5-2 大美江南演示文稿部分参考效果

配套资源□

素材文件：项目五\任务二\拙政园.jpg、留园.jpg、大美江南.pptx。

效果文件：项目五\任务二\大美江南.pptx。

二、任务技能

（一）幻灯片的基本操作

幻灯片的基本操作主要包括新建幻灯片、移动幻灯片、复制幻灯片、删除幻灯片4种。

1. 新建幻灯片

PowerPoint 2019提供了多种新建幻灯片的方法，单击【开始】/【幻灯片】中的"新建幻灯片"按钮，可在当前幻灯片下方新建一张版式为"标题和内容"的幻灯片；单击"新建幻灯片"按钮下方的下拉按钮，在弹出的下拉列表中选择某种版式选项，可新建该版式的幻灯片；在幻灯片窗格的某张幻灯片缩略图上单击鼠标右键，在弹出的快捷菜单中选择"新建幻灯片"选项，可在所选幻灯片下方新建一张幻灯片；选择幻灯片缩略图，直接按【Enter】键可以实现新建幻灯片的功能。

2. 移动幻灯片

移动幻灯片是指调整幻灯片在演示文稿中的位置，从而调整整个演示文稿的结构。移动幻灯片的方法：在幻灯片窗格中直接拖曳幻灯片缩略图至目标位置，释放鼠标后便可实现幻灯片的移动操作。

149

3．复制幻灯片

制作演示文稿时，如果需要使用相同内容或格式的幻灯片，可以通过复制幻灯片来实现。其方法与在Word 2019中复制文本的方法类似，即利用"复制"按钮，或【Ctrl+C】组合键来实现对幻灯片的复制操作。

4．删除幻灯片

在幻灯片窗格中选择需要删除的幻灯片的缩略图（可以结合【Ctrl】键或【Shift】键选择多张幻灯片），按【Delete】键将其删除；也可在所选的幻灯片缩略图上单击鼠标右键，在弹出的快捷菜单中选择"删除幻灯片"选项执行删除操作。

（二）在幻灯片中插入各种对象

在幻灯片中可以插入图片、形状、表格、图表、文本框、音频、视频等各种对象，丰富演示文稿的内容，其插入方法与在Word 2019中插入对象的方法基本类似。

1．插入图片

选择幻灯片，单击【插入】/【图像】中的"图片"按钮，在弹出的下拉列表中选择"此设备"选项，打开"插入图片"对话框，选择需要的图片后单击 插入(S) 按钮。插入图片后，拖曳图片可以调整图片位置；拖曳图片边框上的控制点可以调整图片大小；拖曳图片上方的旋转标记可以调整图片角度；在"图片格式"选项卡中可以裁剪图片、设置图片效果等。这些操作都与在Word 2019中编辑图片的操作相同。

2．插入形状

选择幻灯片，单击【插入】/【插图】中的"形状"按钮，在弹出的下拉列表中选择需要的形状选项，然后在幻灯片中通过单击鼠标右键或拖曳鼠标来绘制形状。插入形状后，可以按照在Word 2019中编辑形状的方法调整形状的大小、位置、角度，或设置形状的填充颜色和边框颜色，为形状添加文本等。

3．插入表格

选择幻灯片，单击【插入】/【表格】中的"表格"按钮，在弹出的下拉列表中定位表格的行数和列数后，单击鼠标右键插入表格；或在该下拉列表中选择"插入表格"选项，在打开的"插入表格"对话框中指定表格的行数和列数，即可插入表格。拖曳表格边框可移动表格，拖曳边框上的控制点可同时调整多行或多列的宽度或高度；也可在"表格工具"选项卡中调整表格布局或美化表格。

4．插入图表

在演示文稿中插入图表的方法：选择幻灯片，单击【插入】/【图表】中的"图表"按钮，打开"插入图表"对话框，选择图表类型后单击 确定 按钮。此时，将插入含有默认数据的图表，同时打开Excel操作对话框，在其中修改数据时，图表内容也将随之变化，如图5-3所

示。返回PowerPoint 2019演示文稿的操作界面，在"图表工具"选项卡中可以按照在Excel 2019中类似的方法添加图表元素、调整图表布局和美化图表，也可更改图表类型。

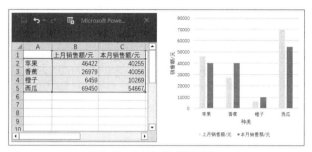

图5-3　在幻灯片中插入图表

5. 插入文本框

文本框在演示文稿中非常实用，利用它可以更好地设计幻灯片的页面内容和布局。插入文本框的方法：选择幻灯片，单击【插入】/【文本】中的"文本框"按钮，然后在幻灯片中通过单击鼠标右键或拖曳鼠标的方式来绘制文本框。插入文本框后，可以在文本框中输入文本或插入其他对象，也可以编辑和美化文本框。其操作方法均与在Word 2019中的操作方法相同。

6. 插入音频

在制作演示文稿时可以为演示文稿添加背景音乐、音效或录制的人声等音频。插入音频的方法：选择幻灯片，单击【插入】/【媒体】中的"音频"按钮，在弹出的下拉列表中选择"PC上的音频"选项，打开"插入音频"对话框，选择需要插入的音频文件后单击 插入(S) ▼ 按钮。

插入的音频将以灰色的喇叭图标显示，可按照设置图片的方式设置其大小、位置和旋转角度；而图标下方的工具条则可以控制音频的播放进度和音量，如图5-4所示。

选择插入的音频对象，在【播放】选项卡中可以设置音频属性，其中部分参数的作用如图5-5所示。

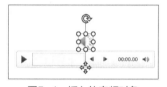

图5-4　插入的音频对象

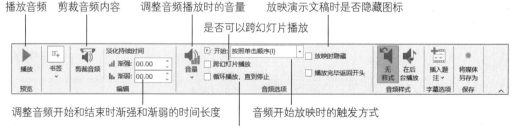

图5-5　音频属性的部分参数

7. 插入视频

在演示文稿中插入视频可以提升演示文稿的生动性。插入视频的方法：选择幻灯片，单击

151

项目五　PowerPoint 2019基础操作

【插入】/【媒体】中的"视频"按钮 ▭，在弹出的下拉列表中选择"PC上的视频"选项，打开"插入视频"对话框，选择需要插入的视频文件后单击 插入(S) ▾ 按钮。

插入的视频同样可以按照设置图片的方法设置其大小、位置和旋转角度，视频下方的工具条也可以控制视频的播放进度和音量，如图5-6所示。选择插入的视频对象，利用【播放】选项卡设置视频属性，其中的参数作用与音频的参数作用大致相同。

图5-6　插入的视频对象

三、任务实施

（一）使用讯飞智文创建演示文稿

扫一扫

使用讯飞智文创建
演示文稿

如果对宣传类演示文稿的内容不太了解，可以使用AIGC工具获取灵感和有用的信息，并依靠AIGC工具创建高质量的演示文稿大纲。下面将利用讯飞星火的"讯飞智文"功能创建大美江南演示文稿，具体操作如下。

1 登录讯飞星火官方网站，单击 开始对话 ◉ 按钮，在显示页面中选择"讯飞智文"选项，然后在页面下方的文本框中输入需求，单击 发送 按钮，如图5-7所示。

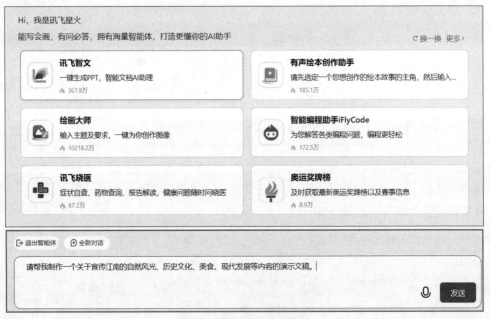

图5-7　向讯飞智文发送需求

2 讯飞智文将根据提出的需求返回相应的演示文稿大纲。如果需要对大纲进行编辑，可单击 编辑 按钮，如图5-8所示。

3 打开"PPT大纲编辑调整"对话框，在需要编辑的位置单击鼠标左键，将激活对应章节的大纲，使大纲内容进入可编辑状态。修改大纲内容后，单击该内容右侧的 确定 按钮确认修改，如图5-9所示。

图5-8 返回结果

图5-9 编辑大纲内容

4 按相同方法修改其他章节大纲内容，完成后单击对话框右下角的 一键生成PPT 按钮，如图5-10所示。

5 讯飞智文将根据PPT大纲生成演示文稿，完成后可选择需要修改幻灯片，进一步调整幻灯片内容，如图5-11所示。

图5-10 完成修改

图5-11 编辑幻灯片内容

6 完成编辑后，可将鼠标指针移至页面右上角的 导出 按钮，在自动弹出的下拉列表中选择"下载到本地"选项，如图5-12所示。

7 在弹出的"下载到本地"对话框中选择"PPT文件"选项，单击 确定 按钮，如图5-13所示。

图5-12 下载文件到本地

图5-13 以PPT文件的方式下载

8 在弹出的"新建下载任务"对话框（此对话框根据使用的浏览器不同而不同），在"文件名"文本框中输入"大美江南.pptx"，在"保存到"下拉列表中选择保存位置，单击 下载 按钮，如图5-14所示。此时，生成的演示文稿将被下载到指定位置。

9 打开下载的演示文稿进行查看。本书为了更好地体现江南风格并便于读者进行学习操作，对下载的演示文稿内容进行了适当丰富和美化，读者可直接打开"大美江南.pptx"素材文件进行使用，如图5-15所示。

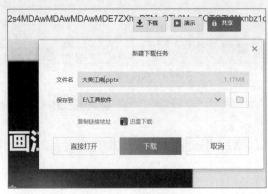

图5-14 下载演示文稿

图5-15 整理后的演示文稿

（二）整理幻灯片

扫一扫

整理幻灯片

下面将对幻灯片进行适当整理，使演示文稿的结构更加完整与合理，具体操作如下。

1 打开"大美江南.pptx"素材文件，在幻灯片窗格中的第16张幻灯片缩略图上单击鼠标右键，在弹出的快捷菜单中选择"删除幻灯片"命令，删除这张多余的幻灯片，如图5-16所示。

2 在幻灯片窗格中，拖曳第10张幻灯片缩略图至第12张幻灯片缩略图的下方，释放鼠标后便完成了调整该张幻灯片位置的操作，如图5-17所示。

图5-16 删除幻灯片

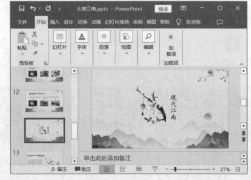

图5-17 移动幻灯片

3 在第6张幻灯片缩略图上单击鼠标右键，在弹出的快捷菜单中选择"复制"选项，如图5-18所示。

4 在第7张幻灯片缩略图和第8张幻灯片缩略图之间，单击鼠标左键定位文本插入点，然后按【Ctrl+V】组合键粘贴复制的幻灯片，如图5-19所示。

图5-18　复制幻灯片

图5-19　粘贴幻灯片

（三）修改幻灯片内容

下面将对幻灯片内容进行修改，具体操作如下。

1 在幻灯片窗格中选择第8张幻灯片缩略图，进入该张幻灯片的编辑界面，拖曳鼠标选择标题占位符中的文本，将其修改为"历史文化——名园"，然后按相同方法修改左侧内容占位符中的文本，如图5-20所示。

2 按相同方法将第8张幻灯片中两幅图片上方文本框中的文本分别修改为"拙政园"和"留园"，然后在按住【Ctrl】键的同时，选择两幅图片，再按【Delete】键将其删除，如图5-21所示。

扫一扫

修改幻灯片内容

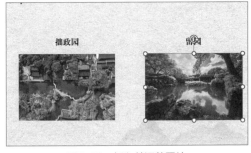

图5-20　修改标题和正文

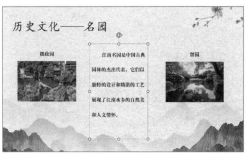

图5-21　修改文本框

3 插入"拙政园.jpg"和"留园.jpg"素材图片后，调整图片的大小和位置，如图5-22所示。

4 适当缩小内容占位符的宽度，然后调整文本框、图片和内容占位符的位置，如图5-23所示，最后保存演示文稿完成操作（保存后可按【F5】键从头开始放映演示文稿，以查看其效果）。

图5-22　插入并调整图片

图5-23　调整对象

任务三　美化幻灯片——制作创新大赛演示文稿

一、任务目标

创新大赛演示文稿属于说明性质的演示文稿，它通过生动的对象向参赛团队和相关人员说明大赛的背景、目的、主体、参赛对象、流程、评审标准、奖励等信息，让参赛团队和相关人员系统了解创新大赛的内容。

本任务的目标是制作一篇创新大赛演示文稿，帮助参赛团队和相关人员了解比赛的具体情况，传达比赛的核心价值，提升比赛的吸引力，扩大比赛的影响力，参考效果如图5-24所示。本任务将重点讲解使用AIGC工具根据原文生成大纲的方法，以及在PowerPoint 2019中设置幻灯片母版和主题等操作。

> **配套资源**
>
> 素材文件：项目五\任务三\通知.txt、Logo.png、创新大赛.png、创新大赛.pptx。
>
> 效果文件：项目五\任务三\创新大赛.pptx。

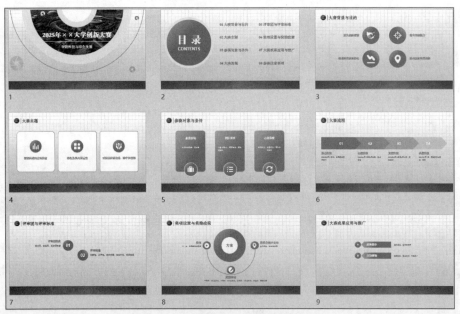

图5-24　创新大赛演示文稿部分参考效果

二、任务技能

（一）认识幻灯片母版

幻灯片母版是用于定义整个演示文稿样式和布局的模板，它包含了幻灯片上的标题、文本、页眉、页脚、背景、字体样式等内容。通过编辑幻灯片母版，可以针对性地对演示文稿中的内容进行统一设置，从而提高演示文稿的制作效率。

1. 认识幻灯片母版

新建空白演示文稿，单击【视图】/【母版视图】中的"幻灯片母版"按钮📄，进入幻灯片母版编辑视图模式。在操作界面左侧的幻灯片窗格中显示的便是幻灯片母版及其下的各种版式，如图5-25所示。母版的格式和内容决定了其下所有版式的内容和格式，如果在母版上添加了图片、形状，或设置了字体格式，那么母版下所有版式上都会出现该图片或形状，并应用母版中设置的字体格式。版式是幻灯片的布局样式，当演示文稿中的幻灯片应用了某种版式后，幻灯片上便将显示该版式所具有的内容和格式。

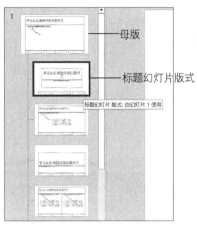

图5-25 幻灯片母版及其各种版式

2. 插入占位符

为了满足不同用户对母版版式的不同需要，PowerPoint 2019允许用户在除母版以外的其他版式中插入各种占位符。插入占位符的方法：进入幻灯片母版编辑视图模式，选择某种版式缩略图后，单击【幻灯片母版】/【母版版式】中"插入占位符"按钮📄下方的下拉按钮▾，在弹出的下拉列表中选择所需的占位符选项，然后在所选版式中通过拖曳鼠标绘制占位符，如图5-26所示。

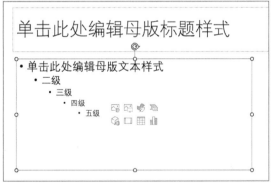

图5-26 创建内容占位符

> 🔊 提示：无论是插入的占位符还是已有的占位符，都可以根据需要对其格式进行设置，包括调整占位符的大小、位置，设置占位符中文本的字体格式和段落格式，设置占位符自身的边框颜色和填充颜色等。这些格式设置方法与文本框的设置方法相同。

3. 设置页眉和页脚

当用户需要为演示文稿中的幻灯片添加日期、时间、编号、公司名称等页眉页脚信息时，可以通过幻灯片母版快速实现。设置页眉和页脚的方法：在幻灯片母版编辑视图模式中选择母版缩略图，单击【插入】/【文本】中的"页眉和页脚"按钮📄，打开"页眉和页脚"对话框，单击选中"日期和时间"复选框。此时，若单击选中"自动更新"单选项，则可在其下方的下拉列表框中设置自动更新的日期和时间格式；若单击选中"固定"单选项，则可在下方的文本框中输入固定的日期和时间。单击选中"幻灯片编号"复选框，可为每张幻灯片添加编号。单击选中"页脚"复选框，可在下方的文本框中输入页脚信息。单击选中"标题幻灯片中不显示"复选框，可使应用了"标题幻灯片"版式的幻灯片不显示页眉和页脚信息，这里取消选择该复选框。单击 全部应用(Y) 按钮可为演示文稿中的所有幻灯片应用所做的设置，如图5-27所示。

图5-27　为幻灯片添加页眉和页脚

4. 插入母版

在同一个演示文稿中可以插入多个幻灯片母版，这样可以为演示文稿中的幻灯片应用更多版式。插入母版的方法：进入幻灯片母版编辑视图模式，单击【幻灯片母版】/【编辑母版】中的"插入幻灯片母版"按钮，在默认的母版版式后将插入一个新的幻灯片母版及其版式，如图5-28所示。

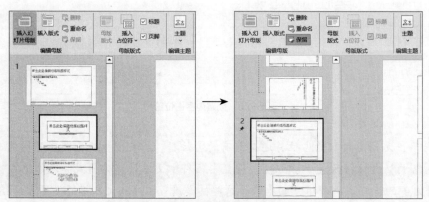

图5-28　添加新的幻灯片母版和版式

5. 插入与删除版式

当已有幻灯片母版中的版式不能满足用户需要时，可以插入并设置新的版式。插入版式的方法：单击【幻灯片母版】/【编辑母版】中的"插入版式"按钮，或选择某种版式缩略图后按【Enter】键，都可以插入一个带有标题占位符和页脚占位符的版式。在该版式中可根据需要插入其他占位符或各种对象来编辑版式内容。

无用的版式也需要将其删除。删除版式的方法：选择版式缩略图，在其上单击鼠标右键，在弹出的快捷菜单中选择"删除版式"选项，或直接按【Delete】键。

6. 重命名版式

重命名版式可以增加版式的辨别度，更方便用户在应用版式时快速选择。重命名版式的方法：选择版式缩略图，在其上单击鼠标右键，在弹出的快捷菜单中选择"重命名版式"选项，或单击【幻灯片母版】/【编辑母版】中的"重命名"按钮，打开"重命名"对话框，在"版式名称"文本框中输入新的名称后，单击 重命名(R) 按钮。

> 提示：设置好幻灯片母版和版式后，要想退出幻灯片母版编辑视图模式，则可单击【幻灯片母版】/【关闭】中的"关闭母版视图"按钮 X 。此时，单击【开始】/【幻灯片】中的"版式"按钮 ，在弹出的下拉列表中包含的各种版式便会发生相应变化。

（二）设置演示文稿主题和背景

演示文稿主题是指预先定义好幻灯片背景、版式、字符格式以及颜色搭配等方案的对象，用户只需根据实际需求选择相应主题后，便可快速实现美化演示文稿的目的。

1. 应用演示文稿主题

若要为演示文稿应用某种主题，则可在【设计】/【主题】中的"主题"下拉列表框中进行相应选择。

2. 修改演示文稿主题

应用了演示文稿主题后，还可根据需要对主题进行适当修改。修改演示文稿主题的方法：单击【设计】/【变体】中的"变体"按钮 ，在弹出的下拉列表中根据需要修改主题的颜色、字体、效果和背景样式，如图5-29所示。各主题属性的作用如下所示。

图5-29　修改主题的各种属性

● **颜色**：可以改变幻灯片中占位符、背景、形状等多种对象的颜色。

● **字体**：可以改变幻灯片中占位符、文本框等对象中文本的字体格式。

● **效果**：可以改变幻灯片中形状、SmartArt图形等对象的外观效果。

● **背景样式**：可以改变幻灯片的背景样式。

> 提示：除了通过选择"字体"选项来改变演示文稿中的字体格式外，还可单击【开始】/【编辑】中"替换"按钮 右侧的下拉按钮 ，在弹出的下拉列表中选择"替换字体"选项，打开"替换字体"对话框，在其中统一替换演示文稿中应用的各种字体样式。

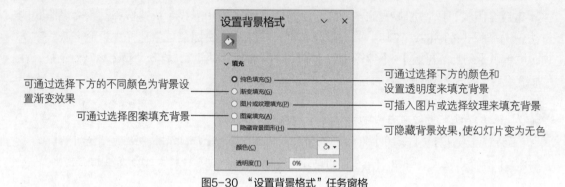

3. 设置幻灯片背景

除了通过改变背景样式来设置幻灯片背景外，还可以通过"设置背景格式"按钮🎨来改变背景样式。设置幻灯片背景的方法：单击【设计】/【自定义】中的"设置背景格式"按钮🎨，打开"设置背景格式"任务窗格，如图5-30所示，在任务窗格中可精确设置幻灯片背景的各种参数。

可通过选择下方的不同颜色为背景设置渐变效果

可通过选择图案填充背景

可通过选择下方的颜色和设置透明度来填充背景

可插入图片或选择纹理来填充背景

可隐藏背景效果,使幻灯片变为无色

图5-30 "设置背景格式"任务窗格

三、任务实施

（一）使用通义千问根据通知内容生成大纲

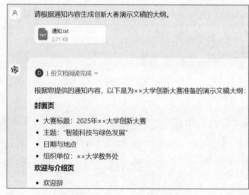

扫一扫

使用通义千问根据通知内容生成大纲

如果需要根据现有的内容制作演示文稿，那么可以将内容以文件的形式上传到AIGC工具，使其阅读内容后快速生成大纲。下面将讲解在通义千问中上传"通知.txt"文本文件，然后发送生成创新大赛演示文稿大纲的需求，具体操作如下。

1 打开通义千问官网，将"通知.txt"素材文件拖曳至页面中，然后在页面下方的文本框中输入生成创新大赛演示文稿大纲的需求。根据通义千问回复的内容，将有价值的部分大纲整理到文本文件中，如图5-31所示。

2 新建空白演示文稿，在幻灯片窗格中按【Enter】键新建多张幻灯片，然后将相关文本复制到各张幻灯片中，如图5-32所示（本书已经整理好相关内容并对幻灯片内容进行了适当丰富和美化，用户可直接打开"创新大赛.pptx"素材文件使用）。

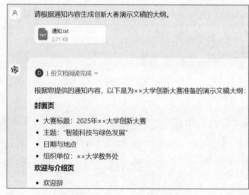

图5-31 上传文件生成大纲

图5-32 丰富幻灯片

（二）设置幻灯片母版

"创新大赛.pptx"素材文件中一共有11张幻灯片，其中第1、2、11张幻灯片应用的是"空白标题"版式，第3～10张幻灯片应用的是"空白"版式。下面将讲解通过设置幻灯片母版的方式快速为第3～10张幻灯片添加学校标志，具体操作如下。

1 打开"创新大赛.pptx"素材文件，单击【视图】/【母版视图】中的"幻灯片母版"按钮🖾，进入幻灯片母版编辑视图模式。选择幻灯片窗格中的"空白"版式对应的缩略图，单击【插入】/【图像】中的"图片"按钮🖾，在弹出的下拉列表中选择"此设备"选项，如图5-33所示。

2 在弹出"插入图片"对话框后，选择"Logo.png"素材图片，单击 插入(S) 按钮，如图5-34所示。

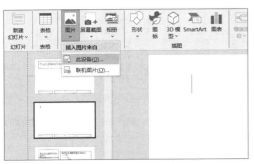

图5-33　选择版式并插入图片

图5-34　选择图片

3 将插入的图片缩小到与幻灯片左上角直线形状相似的高度，并将其移至直线左侧，如图5-35所示。然后单击【幻灯片母版】/【关闭】中的"关闭母版视图"按钮🗙，退出幻灯片母版编辑视图模式。

4 可以发现，此时只有应用了"空白"版式的第3～10张幻灯片左上角才出现了"Logo.png"素材图片，如图5-36所示。

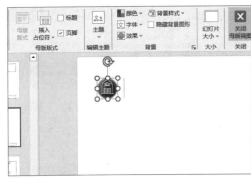

图5-35　调整图片

图5-36　设置母版后的效果

（三）借助AIGC工具美化演示文稿

为了使演示文稿显得更加美观和专业，下面将讲解向通义千问询问创新大赛演示文稿的配色

方案的方法，在PowerPoint 2019中对该演示文稿的主题、字体、背景等进行设置，以及利用可灵AI生成适合演示文稿内容图片的方法，具体操作如下。

1 在通义千问官方网站中询问演示文稿的配色建议，查看通义千问的回答，通过回答的内容找到配色方案，如图5-37所示。

2 由于创新大赛演示文稿已经是蓝色的配色效果，因此，这里重点对主题、背景色彩和效果进行设置。可以在【设计】/【主题】中的"主题"下拉列表中选择"画廊"选项，如图5-38所示。

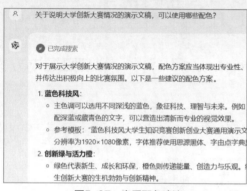

图5-37 查看配色建议　　　　　　图5-38 应用主题

3 单击【设计】/【变体】中的"变体"按钮，在弹出的下拉列表中选择"画廊"选项（第二个变体），如图5-39所示。

4 继续单击【设计】/【变体】中的"变体"按钮，在弹出的下拉列表中选择"颜色"选项，在弹出的子列表中选择"蓝绿色"选项，如图5-40所示。

图5-39 更改主题　　　　　　　　图5-40 更改颜色

5 单击【开始】/【编辑】中"替换"按钮右侧的下拉按钮，在弹出的下拉列表中选择"替换字体"选项，如图5-41所示。

6 打开"替换字体"对话框，在"替换"下拉列表框中选择"华文琥珀"选项，在"替换为"下拉列表框中选择"方正大标宋简体"选项，然后单击 替换(R) 按钮，如图5-42所示。

7 按相同方法将"华文新魏"替换为"方正小标宋简体"字体，然后依次单击 替换(R) 按钮和 关闭(C) 按钮，如图5-43所示。

8 单击【设计】/【自定义】中的"设置背景格式"按钮，如图5-44所示。

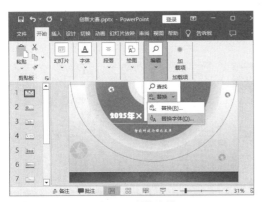

图5-41　替换字体

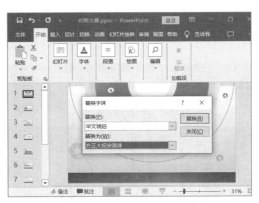

图5-42　替换"华文琥珀"

图5-43　替换"华文新魏"

图5-44　设置背景格式

9 打开"设置背景格式"任务窗格，单击选中"图案填充"单选项，然后选择"图案"栏中的"大网格"选项（最后一行第二种图案），再选"前景"颜色中的"白色，背景1，深色5%"选项，最后单击 应用到全部(L) 按钮，并保存演示文稿，如图5-45所示。

10 打开并登录可灵AI官方网站，在首页选择"AI图片"选项，然后在显示的页面上方输入需要生成图片的相应需求，单击 立即生成 按钮，如图5-46所示。

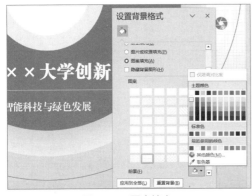

图5-45　图案填充

图5-46　输入需求

11 可灵AI将根据需求生成相应的图片，单击需要查看的图片缩略图，如图5-47所示。

163

⓬ 若确认该图片无误，可单击下方的 ⬇下载 按钮将其下载到计算机中，如图5-48所示。这里已经将其以"创新大赛.png"为名下载到配套资源中。

图5-47　查看图片　　　　　　　　　　　　　　图5-48　下载图片

⓭ 切换到"创新大赛.pptx"演示文稿中的第1张幻灯片中，选择蓝色圆环形状，在【绘图工具 形状格式】/【形状样式】组中单击 形状填充▾ 下拉按钮，在弹出的下拉列表中选择"图片"选项，打开"插入图片"对话框，选择"从文件"选项，然后在打开的对话框中双击"创新大赛.png"图片素材，即可完成填充图片的操作，效果如图5-49所示。

⓮ 按相同方法为最后1张幻灯片的蓝色圆环形状填充相同的图片，如图5-50所示。

图5-49　为第1张幻灯片填充图片　　　　　　　图5-50　为最后1张幻灯片填充图片

项目实训

实训1　制作实习总结演示文稿

一、实训要求

总结类演示文稿主要用于概括和梳理某个项目、活动、研究或事件的要点和结论，使观众能够快速、清晰地了解核心内容。制作这类演示文稿时，应注意内容的准确性、可靠性，确保信息的真实性、客观性，注重语言的简练性、清晰性，以便能达到更好的沟通和分享的目的。目前需要制作一篇实习总结演示文稿，要求色彩简洁美观、信息重点突出、内容丰富，参考效果如图5-51所示。

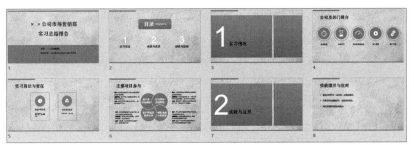

图5-51　实习总结演示文稿部分参考效果

二、实训思路

（1）借助通义千问生成实习总结演示文稿的大纲（本书的配套资源中已对实习总结演示文稿的大纲进行了整理，用户可以直接使用"实习总结.pptx"素材文件进行操作）。

扫一扫

制作实习总结演示
文稿

（2）打开"实习总结.pptx"素材文件，在第1张幻灯片下面新建"空白"版式的幻灯片。

（3）在新建的幻灯片中插入圆角矩形，调整其大小、位置、填充颜色和边框颜色。

（4）插入文本框，输入"目录"，将其字体格式设置为"方正大标宋简体、54，白色，背景1、阴影"后，再将其放置在圆角矩形上偏左的位置。

（5）插入文本框，输入"CONTENTS"，将其字体格式设置为"Arial、20，白色，背景1、阴影"后，再将其放置在圆角矩形上偏右的位置。

（6）复制"CONTENTS"文本框，修改内容为"1"后，将字号增大为"96"，将其放置在幻灯片左下方。

（7）复制"目录"文本框，修改内容为"实习情况"后，将字号减小为"28"，字体颜色更改为"黑色，文字1"，再将其放置在"1"文本框的下方。

（8）通过复制的方法创建目录页中的其他内容，完成目录页幻灯片的制作。

（9）在第2张幻灯片下面新建"空白"版式的幻灯片，在其中创建两个矩形，再调整矩形大小、位置、填充颜色和边框颜色。

（10）插入两个文本框，分别输入"1"和"实习情况"后，再分别为两个文本框设置不同的字体格式。

（11）复制第3张幻灯片，分别粘贴在"主要项目参与"幻灯片和"实习反思与未来规划"幻灯片的下方，修改内容后，完成3张过渡页幻灯片的制作。

（12）在第8张幻灯片下方插入"标题和内容"版式的幻灯片。输入标题后，插入圆形和圆角矩形，并设置插入的圆形和圆角矩形的大小、位置、填充颜色和边框颜色。

（13）在圆形和圆角矩形上添加文本，并设置文本的字体格式。

（14）复制圆形和圆角矩形，修改文本内容后，完成"遇到的挑战与解决方案"幻灯片的制作。

（15）在第13张幻灯片下方插入"空白"版式的幻灯片，插入两个文本框后，输入文本并设置文本的格式。

（16）在两个文本框之间插入一条水平直线，设置其长度、位置和颜色后，完成结束页幻灯片的制作。

实训2　制作班级文化演示文稿

一、实训要求

班级文化演示文稿也属于说明类演示文稿，它可以通过演示文稿内容向大家传递班级文化的详细情况。现需要制作一篇关于大学班级的班级文化演示文稿，要求版式生动、语言活泼，参考效果如图5-52所示。

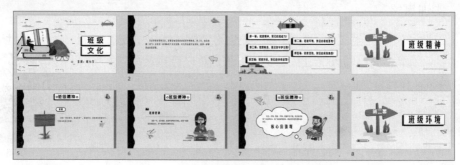

图5-52　班级文化演示文稿部分参考效果

配套资源

素材文件：项目五\项目实训\Logo.png、班级文化.pptx。

效果文件：项目五\项目实训\班级文化.pptx。

二、实训思路

扫一扫

制作班级文化演示文稿

（1）借助通义千问生成班级文化演示文稿的大纲（本书的配套资源中已对班级文化演示文稿的大纲进行了整理，用户可以直接使用"班级文化.pptx"素材文件进行操作）。

（2）打开"班级文化.pptx"素材文件，通过复制幻灯片并修改内容的方式创建第18～22张幻灯片，完成"班级传承"内容的相关幻灯片和结束页幻灯片的制作。

（3）进入幻灯片母版编辑视图模式，创建"班徽"空白版式，并在该版式幻灯片的右上角插入"班徽.png"图片。

（4）为第5～7、9～10、12、13、15～17和19～21张幻灯片应用"班徽"版式。

（5）为演示文稿应用"徽章"主题，然后将主题设置为绿色背景的变体样式。

强化练习

练习1 制作劳动教育演示文稿

利用通义千问分析"劳动教育报告.txt"素材文件，并将分析内容整理成演示文稿大纲。然后在PowerPoint 2019中添加幻灯片，丰富演示文稿内容并进行适当美化，参考效果如图5-53所示。

图5-53 劳动教育演示文稿部分参考效果

配套资源

素材文件：项目五\强化练习\扫地.png、加油.png、行业.png、建筑.png、劳动教育报告.txt、劳动教育.pptx。

效果文件：项目五\强化练习\劳动教育.pptx。

练习2 制作书画比赛演示文稿

利用通义千问归纳总结"书画比赛通知.txt"素材文件中的内容，并询问通义千问书画比赛演示文稿的色彩搭配建议。然后制作并美化书画比赛演示文稿，参考效果如图5-54所示。

配套资源

素材文件：项目五\强化练习\背景.png、Logo.png、书画比赛通知.txt、书画比赛.pptx。

效果文件：项目五\强化练习\书画比赛.pptx。

图5-54 书画比赛演示文稿部分参考效果

PART 6

项目六
PowerPoint 2019 进阶操作

项目导读

要想让演示文稿真正引人入胜，仅仅设计出静态内容是远远不够的，合理增加动态效果、提高演示文稿互动性才是提升演示文稿吸引力的"独门秘方"，也是PowerPoint 2019区别于其他办公软件的特殊功能。

无论是商业领域中生动形象的演示文稿内容，还是展览、婚庆等其他场景下活泼有趣的幻灯片效果，都是通过添加动画的方式来实现的。除了动画外，我们还应当适当考虑增加演示文稿的互动性，让观众能够在观看时提升体验感。

当然，演示文稿制作完成后需要将内容呈现给观众，这就涉及演示文稿的输出方式，是以播放演示的方式输出，还是以纸质文档的方式打印输出，这些都是本项目将会介绍的内容。通过本项目的学习，我们可以掌握制作出既专业又具有高度互动性的演示文稿的方法，还将学会如何利用AIGC工具阅读文件内容以及生成演示文稿的大纲和备注。

学习目标

- 了解动画的类型和设计原则。
- 掌握幻灯片切换效果的添加与设置方法。
- 掌握动画效果的添加与设置方法。
- 掌握超链接和动作按钮的使用方法。
- 掌握演示文稿的放映与控制方法。
- 掌握演示文稿的各种输出方法。

素养目标

- 培养创新意识和创业精神，并提高自主学习和解决问题的能力。
- 提高沟通能力和表达能力，能够有效表达自己的观点。
- 进一步培养审美能力、设计能力，以及团队合作和协作能力，并提升自身的综合素质和就业竞争力。

任务一　设计动画——制作创业计划书演示文稿

一、任务目标

创业计划书演示文稿是创业者用来向投资者、合作伙伴或团队成员展示其创业理念、市场分析、产品服务、运营策略、财务预测及团队背景等关键信息的工具，它可以帮助创业者达到吸引投资、招募人才、建立合作伙伴关系的目的。

本任务的目标是制作一个创业计划书演示文稿，参考效果如图6-1所示。本任务将重点讲解使用AIGC工具阅读文档并生成大纲内容的方法，通过动作按钮和超链接的使用、幻灯片切换动画的应用，为幻灯片中的对象添加各种动画效果。

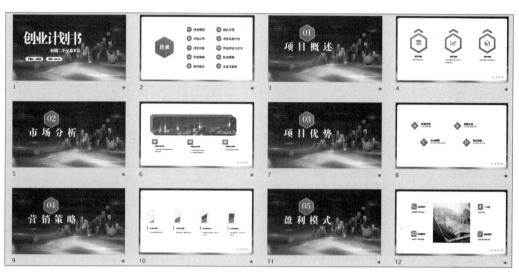

图6-1　创业计划书演示文稿部分参考效果

配套资源

素材文件：项目六\任务一\创业计划书.docx、创业计划书.pptx。

效果文件：项目六\任务一\创业计划书.pptx。

二、任务技能

（一）动画类型

PowerPoint 2019提供了4种动画类型，包括进入类动画、强调类动画、退出类动画和动作路径类动画。其中，进入类动画采取从无到有的表现方式，使对象在放映时逐渐出现在幻灯片中；强调类动画采取放大、变色、闪烁等强调方式，使对象在放映时能够更好地吸引观众注意力；退出类动画采取从有到无的表现方式，使对象在放映时逐渐消失在幻灯片中；动作路径类动画有预设的动作路径和自定义路径两种运动方式，主要通过为对象建立线条路径来控制对象在放映过程中的位移。不同类型的动画效果如图6-2所示。

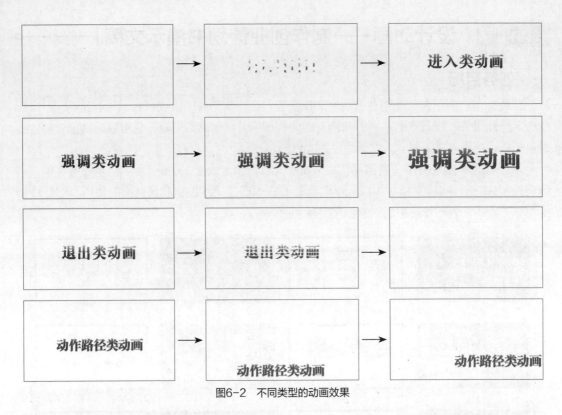

图6-2　不同类型的动画效果

（二）切换效果的添加与设置

切换效果是指放映演示文稿时从一张幻灯片切换到下一张幻灯片时出现的动态过渡效果。这些效果可以增加幻灯片放映时的吸引力和流畅性，从而使整个放映过程更加生动有趣。为幻灯片添加切换效果的方法：在幻灯片窗格中选择需要设置切换效果的幻灯片缩略图，在【切换】/【切换到此幻灯片】中的"切换效果"下拉列表中选择某种切换样式，然后使用其他参数设置所选样式，部分参数作用如图6-3所示。

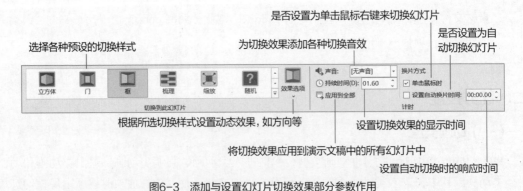

图6-3　添加与设置幻灯片切换效果部分参数作用

（三）动画效果的添加与设置

为幻灯片中的各种对象添加动画效果，可以增强放映演示文稿时的生动性，以吸引观众注意力，使其更好地了解和吸收演示文稿内容。

1. 添加单一动画效果

为幻灯片中的对象添加单一动画效果的方法：在幻灯片中选择需要添加动画效果的对象，在【动画】/【动画】中的"动画样式"下拉列表中选择某种动画选项，然后设置所选动画样式的动画属性、文本属性、触发方式、持续时间等参数，部分参数作用如图6-4所示。

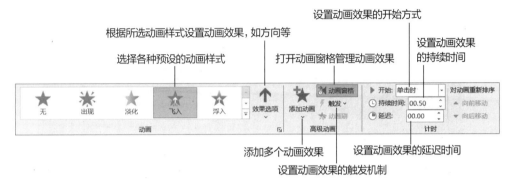

图6-4　添加与设置动画的部分参数作用

> 提示：文本框一般包含多个段落，为文本框添加某种动画效果后，单击【动画】/【动画】中的"效果选项"按钮↑（此按钮因所选动画样式的不同而不同），在弹出的下拉列表中选择"序列"栏中的"作为一个对象"选项，文本框中的所有段落将作为一个整体显示设置的动画效果；若选择"全部一起"选项，则文本框中的所有段落将同时显示设置的动画效果；若选择"按段落"选项，则文本框中的每个段落将依次显示设置的动画效果。

2. 添加多个动画效果

PowerPoint 2019允许为幻灯片中的同一个对象同时添加多个动画效果，以满足用户对动画效果的需求。添加多个动画效果的方法：选择幻灯片中需要添加动画效果的对象，在【动画】/【动画】中的"动画样式"下拉列表中选择为该对象添加的第一种动画效果。然后单击【动画】/【高级动画】中的"添加动画"按钮★，在弹出的下拉列表中选择为该对象添加的第二种动画，如图6-5所示。若有需要，可按此方法继续添加更多动画。

图6-5　为同一对象添加多个动画效果

3. 添加触发动画

触发动画是指为某个对象添加动画效果后，需要通过单击其他对象来触发该动画放映的操作。添加触发动画的方法：为某个对象添加动画效果后，单击【动画】/【高级动画】中的"触发"按钮，在弹出的下拉列表中选择当前幻灯片中的其他某个对象，如图6-6所示。

图6-6　添加触发动画

4. 管理动画效果

当一张幻灯片中存在多个动画效果，如多个对象都添加了动画效果，或一个对象上应用了多个动画效果时，可以利用"动画窗格"任务窗格来对这些动画效果进行管理。管理动画效果的方法：选择幻灯片，单击【动画】/【高级动画】中的"动画窗格"按钮，打开"动画窗格"任务窗格，该幻灯片中的所有动画效果都将以选项的形式出现在列表框中。选择某个动画选项后，单击其右侧的下拉按钮，可在弹出的下拉列表中设置该动画的开始方式。选择"效果选项"选项，可在打开的对话框中对动画效果做进一步设置；选择"计时"选项，可在打开的对话框中设置动画效果的延迟时间、放映时间和重复放映次数；选择"删除"选项或按【Delete】键可删除所选动画效果。管理动画效果如图6-7所示。

图6-7　管理动画效果

提示：为幻灯片中的对象添加动画效果后，该对象左上方将显示动画编号，该编号代表动画效果在当前幻灯片中的放映顺序。这与"动画窗格"任务窗格中各动画选项的编号一致。如果出现不同对象动画编号相同的情况，则说明其中一个对象的动画开始方式为自动放映，放映方式为"在上一动画之后"或"与上一动画同时"，通过观察这些编号可以检查设置的动画放映效果是否正确。另外，在"动画窗格"任务窗格中选择某个动画选项后，单击"上移"按钮可将所选动画的放映顺序提前，单击"下移"按钮可将所选动画的放映顺序延后。

（四）动画效果的设计原则

为幻灯片中的对象添加动画效果时，并不是动画效果越丰富、越复杂，演示文稿展示效果就越好。在设计动画效果时应遵循以下原则来确保演示文稿既专业又能有效地传达信息。

● **统一原则**：添加动画效果时，应保证动画风格和切换方式与演示文稿的内容和使用场合相匹配，以保持整体风格的统一性。例如，如果在某个部分使用了擦除效果，那么在类似内容的部分也应考虑使用相同或类似的动画效果，以确保演示文稿的统一性。

● **简洁原则**：添加动画效果时，应避免使用过多的动画效果，使观众注意力分散，页面显得杂乱。建议一张幻灯片内的动画效果不超过两种，并确保重点突出且易于理解。

● **强调原则**：添加动画效果时，可以针对关键信息或需要特别注意的内容使用动画效果进行强调，如通过单独设置动画效果或使用更为显著的动画效果来吸引观众的注意力。

● **适当原则**：添加动画效果时，注意动画效果的使用应当适度，如动画的幅度、速度和持续时间等，这些效果都应与演示文稿的内容和使用环境相符，既不过度夸张也不过于细微。

> 提示：当需要为多个对象应用相同的动画效果时，可使用"动画刷"功能，提高操作效率。在幻灯片中选择需要复制动画效果的对应对象，双击【动画】/【高级动画】中的"动画刷"按钮 ，进入动画刷应用模式，依次单击其他需要应用相同动画效果的对象。再次单击该按钮或按【Esc】键可退出动画刷应用模式。

（五）超链接与动作按钮的使用

超链接与动作按钮能提供更丰富的交互性，也有利于演讲者在演示文稿的放映过程更加自主地控制放映内容。

1. 添加超链接

文本、文本框、形状、图片等对象，都可以添加超链接。添加超链接后，在放映演示文稿的过程中，单击该链接便可快速跳转到链接的目标位置。添加超链接的方法：选择需要添加超链接的对象，单击【插入】/【链接】中的"链接"按钮 ，打开"插入超链接"对话框，在"链接到"列表框中选择"本文档中的位置"选项，在"请选择文档中的位置"列表框中选择目标幻灯片，然后单击 确定 按钮，如图6-8所示。

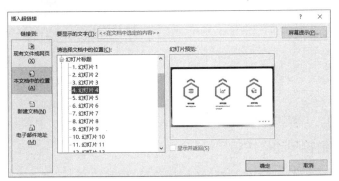

图6-8　设置链接目标

2. 添加动作按钮

动作按钮预先指定了链接目标的形状和所代表的动作操作，添加动作按钮方便演讲者控制演示文稿的放映过程。添加动作按钮的方法：单击【插入】/【插图】中的"形状"按钮，在弹出的下拉列表中选择"动作按钮"栏中的某个动作按钮选项，然后在幻灯片中的适当位置通过单击鼠标右键或拖曳鼠标绘制动作按钮。释放鼠标后将自动弹出"操作设置"对话框，保持对话框中的默认设置，单击 确定 按钮，如图6-9所示，最后可在操作界面对动作按钮的大小、位置、格式等做进一步设置。

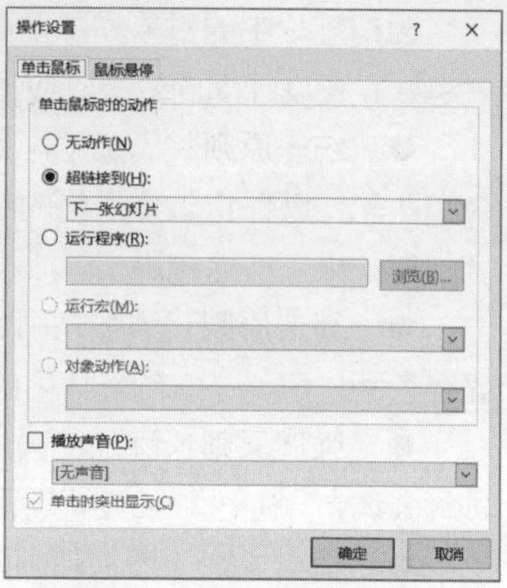

图6-9 "操作设置"对话框

三、任务实施

（一）使用Kimi阅读文档并生成大纲内容

扫一扫

使用Kimi阅读文档并生成大纲内容

与其他AIGC工具相比，Kimi在多语言处理、长文本处理、文件处理、内容搜索等方面的能力显得更为突出。下面将使用Kimi阅读文档并生成创业计划书演示文稿的大纲内容，具体操作如下。

1 打开Kimi官方网站，将"创业计划书.docx"素材文件拖曳至页面中，然后在页面下方的文本框中输入生成创业计划书演示文稿大纲的相关需求。发送需求并查看Kimi回复的内容，将有价值的部分整理下来，如图6-10所示。

2 新建空白演示文稿，在幻灯片窗格中按【Enter】键新建多张幻灯片，然后将相关文本复制到各张幻灯片中，如图6-11所示（本书已经整理好相关内容并对幻灯片进行了适当丰富和美化，用户可直接打开"创业计划书.pptx"素材文件进行使用）。

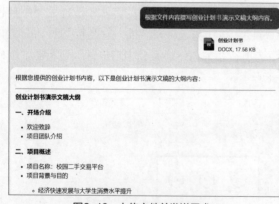

图6-10 上传文件并发送需求

图6-11 整理好的演示文稿

（二）添加超链接和动作按钮

为了方便后期控制演示文稿的放映过程，接下来需要在目录页幻灯片中添加超链接，并在部分幻灯片中添加动作按钮，具体操作如下。

1 打开"创业计划书.pptx"素材文件，选择第2张幻灯片中的"项目概述"文本框（单击该文本框边框将其选中），如图6-12所示，然后单击【插入】/【链接】中的"链接"按钮🌐。此时，将弹出"插入超链接"对话框。

2 在"链接到"列表框中选择"本文档中的位置"选项，在"请选择文档中的位置"列表框中选择"3. 幻灯片3"，然后单击 ▭确定▭ 按钮，如图6-13所示。

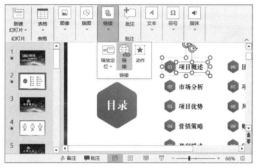

图6-12 选择"项目概述"文本框

图6-13 指定链接目标

3 选择"市场分析"文本框，如图6-14所示，继续单击【插入】/【链接】中的"链接"按钮🌐。

4 弹出"插入超链接"对话框，在"链接到"列表框中选择"本文档中的位置"选项，在"请选择文档中的位置"列表框中选择"5. 幻灯片5"选项，然后单击 ▭确定▭ 按钮，如图6-15所示。继续按相同方法为目录页幻灯片中的其他文本框插入超链接，链接目标为对应的标题幻灯片。

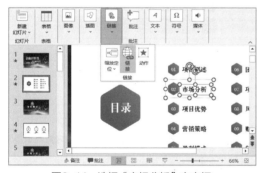

图6-14 选择"市场分析"文本框

图6-15 继续指定链接目标

🔊 **提示：** 在对象上单击鼠标右键，在弹出的快捷菜单中选择"超链接"选项，或直接按【Ctrl+K】组合键，均可打开"插入超链接"对话框。另外，在插入了超链接的对象上单击鼠标右键，在弹出的快捷菜单中选择"取消超链接"选项，可取消该超链接。

5 选择第4张幻灯片，单击【插入】/【插图】中的"形状"按钮◇，在弹出的下拉列表中选择"动作按钮"栏中的"动作按钮：转到开头"选项，如图6-16所示。

6 在幻灯片中单击鼠标左键，此时将自动弹出"操作设置"对话框，如图6-17所示，保持默认设置后，单击 确定 按钮。

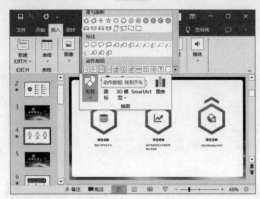

图6-16　选择动作按钮

图6-17　"操作设置"对话框

7 保持动作按钮的选择状态，在【形状格式】/【大小】中的"高度"数值框和"宽度"数值框均输入"0.5厘米"（只修改数字部分），如图6-18所示。

8 在【形状格式】/【形状样式】中的"快速样式"下拉列表中选择"彩色轮廓 – 蓝色，强调颜色1"选项，如图6-19所示。

图6-18　设置大小

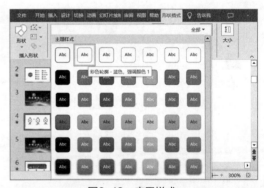

图6-19　应用样式

9 单击【形状格式】/【形状样式】中的"形状轮廓"按钮右侧的下拉按钮，在弹出的下拉列表中选择"无轮廓"选项，如图6-20所示。

10 拖曳动作按钮，将动作按钮调整至幻灯片右下角，如图6-21所示。

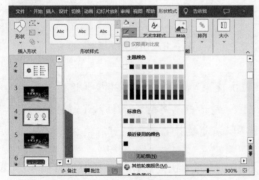

图6-20　取消轮廓

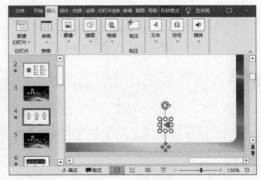

图6-21　移动位置

11 按相同方法分别创建并设置"动作按钮：后退或前一项"动作按钮，"动作按钮：前进或下一项"动作按钮，"动作按钮：转到结尾"动作按钮，然后将它们置于图6-22所示的位置。

12 同时选择这4个动作按钮，按【Ctrl+C】组合键进行复制，然后选择第6张幻灯片，按【Ctrl+V】组合键进行粘贴。按相同方法在第8、10、12、14、16、18、20、22张幻灯片中粘贴复制的动作按钮，如图6-23所示。

图6-22　创建其他动作按钮

图6-23　粘贴复制按钮

（三）添加幻灯片切换效果

下面将为所有幻灯片应用统一的切换效果，具体操作如下。

1 在【切换】/【切换到此幻灯片】中的"切换效果"下拉列表中选择"华丽"栏中的"跌落"选项，如图6-24所示。

2 在【切换】/【计时】中的"持续时间"数值框中输入"1.5"，然后单击"应用到全部"按钮，为所有幻灯片应用相同的切换效果，如图6-25所示。

扫一扫

添加幻灯片切换效果

图6-24　选择切换效果

图6-25　设置持续时间

（四）添加简单动画效果

下面将结合动画刷工具为多张标题页幻灯片添加相同的动画效果，使演示文稿在放映时显得更加统一，具体操作如下。

1 选择第3张幻灯片中的编号组合对象，在【动画】/【动画】中的"动画样式"下拉列表中选择"进入"栏中的"浮入"选项，如图6-26所示。

扫一扫

添加简单动画效果

2 在【动画】/【计时】中的"开始"下拉列表中选择"上一动画之后"选项，在"持续时间"数值框中输入"0.5"，如图6-27所示。

图6-26 选择动画样式（1）

图6-27 设置动画效果开始方式和持续时间

3 双击【动画】/【高级动画】的"动画刷"按钮★，进入动画刷应用模式如图6-28所示。

4 依次单击其他标题幻灯片中的编号组合对象，为其应用相同的动画效果，完成后按【Esc】键退出动画刷应用模式，如图6-29所示。

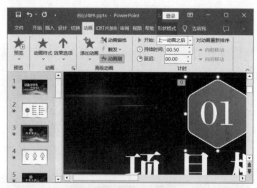

图6-28 进入动画刷应用模式（1）

图6-29 应用相同的动画效果（1）

5 选择第3张幻灯片中的文本框对象，在【动画】/【动画】中的"动画样式"下拉列表中选择"进入"栏中的"浮入"选项，如图6-30所示。

6 在【动画】/【计时】中的"开始"下拉列表中选择"与上一动画同时"选项，在"持续时间"数值框中输入"0.5"，如图6-31所示。

图6-30 选择动画样式（2）

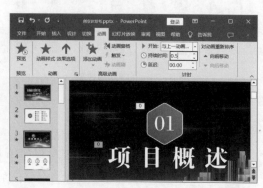

图6-31 设置动画效果开始方式和持续时间（2）

7 双击【动画】/【高级动画】中的"动画刷"按钮✦，进入动画刷应用模式，如图6-32所示。

8 依次单击其他标题幻灯片中的文本框对象，为其应用相同的动画效果，完成后按【Esc】键退出动画刷应用模式，如图6-33所示。

图6-32 进入动画刷应用模式（2）

图6-33 应用相同的动画效果（2）

（五）添加触发动画

下面将在目录页中为各目录组合对象添加触发动画，以达到单击"目录"文本框时才能显示具体目录内容的效果，具体操作如下。

1 选择第2张幻灯片中的"01 项目概述"组合对象，为其添加"进入-浮入，开始-单击时，持续时间-0.5"的动画效果，如图6-34所示。

2 单击【动画】/【高级动画】中的"触发"按钮✦，在弹出的下拉列表中选择"通过单击"选项，在弹出的子列表中选择"文本框 34"选项，如图6-35所示。

扫一扫

添加触发动画

图6-34 添加动画效果

图6-35 设置触发对象

> 提示：选择触发对象时，如果不知道该对象的名称，可打开"动画窗格"任务窗格，在其中通过选择动画选项识别对象名称。

3 使用动画刷工具为其他目录组合对象应用相同的动画效果，如图6-36所示。

4 单击【动画】/【高级动画】中的"动画窗格"按钮，打开"动画窗格"任务窗格，利用【Shift】键或【Ctrl】键选择第1～9项动画选项，如图6-37所示。

图6-36　为其他对象应用相同动画效果

图6-37　选择动画选项

5 将所有动画选项拖曳至"组合2"选项下方，如图6-38所示。

6 保持所选动画选项的选择状态，它们的开始方式选择为"上一动画之后"选项，持续时间设置为"00.20"。然后保存演示文稿，并按【F5】键放映演示文稿，如图6-39所示。

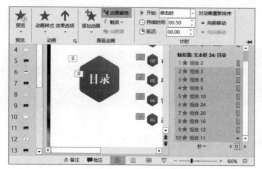

图6-38　移动动画选项

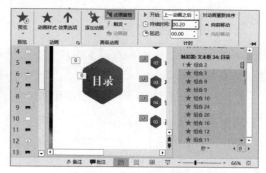

图6-39　设置动画放映参数

任务二　放映幻灯片——制作市场调查演示文稿

一、任务目标

市场调查演示文稿是企业或个人进行市场研究、分析和展示市场调查结果的重要工具。通过精心设计和制作的高质量市场调查演示文稿，不仅能够更好地辅助演讲者展示市场调查成果，更能够为企业的战略决策、市场营销策略制定、产品开发等提供有力的数据支持和依据。

本任务的目标是制作一篇市场调查演示文稿，参考效果如图6-40所示。本任务将重点讲解使用AIGC工具生成备注内容、放映与输出演示文稿等操作。

配套资源

素材文件：项目六\任务二\市场调查（无备注）.pptx、市场调查.pptx。

效果文件：项目六\任务二\市场调查.pptx、市场调查.mp4。

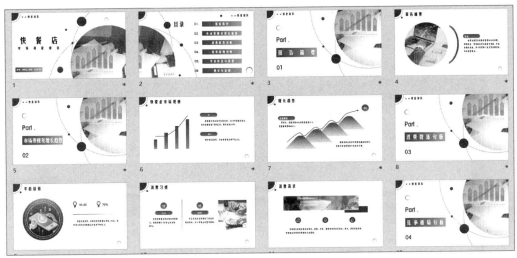

图6-40　市场调查演示文稿部分参考效果

二、任务技能

（一）演示文稿的放映与控制

在PowerPoint 2019的操作界面中，单击【幻灯片放映】/【开始放映幻灯片】中的"从头开始"按钮🖥或按【F5】键可以进入演示文稿的放映模式，并从头开始放映演示文稿；单击【幻灯片放映】/【开始放映幻灯片】中的"从当前幻灯片开始"按钮🖳或按【Shift+F5】组合键可以进入演示文稿的放映模式，并从当前幻灯片开始放映演示文稿。

进入演示文稿的放映模式后，可以采用多种方式对其放映过程进行控制。

1. 使用放映工具条控制放映

在演示文稿的放映模式中，移动鼠标指针至界面左下角时，将会显示放映工具条，利用该工具条上的部分按钮可以实现对演示文稿放映过程的控制。各个按钮的作用如图6-41所示。

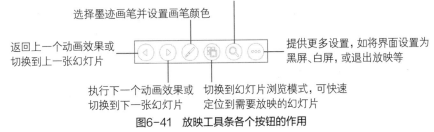

放大幻灯片中的某个区域，按【Esc】键可取消放大模式

选择墨迹画笔并设置画笔颜色

返回上一个动画效果或切换到上一张幻灯片

提供更多设置，如将界面设置为黑屏、白屏，或退出放映等

执行下一个动画效果或切换到下一张幻灯片

切换到幻灯片浏览模式，可快速定位到需要放映的幻灯片

图6-41　放映工具条各个按钮的作用

2. 使用快捷菜单控制放映

在演示文稿的放映模式界面中单击鼠标右键，利用弹出的快捷菜单中的部分选项也能实现对演示文稿放映过程的控制。其中的选项与放映工具条中的按钮作用相同，如"下一张"选项可以切换到下一个动画效果或下一张幻灯片，"上一张"选项可以切换到上一个动画效果或

181

上一张幻灯片等。其中，选择"显示演示者视图"选项后，可将放映视图切换为三个区域，左侧为放映视图，右侧上方为下一个即将放映的内容，右侧下方为幻灯片中添加的备注内容，如图6-42所示。

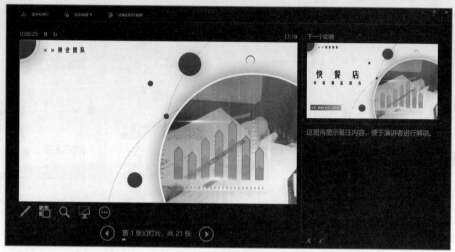

图6-42　演示者视图

3. 使用快捷键控制放映

在演示文稿的放映模式下，使用快捷键可以更高效地实现对演示文稿放映过程的控制。表6-1所示为放映控制方式对应的快捷键。

表 6-1　放映控制方式对应的快捷键

放映控制方式	快捷键
切换到下一张幻灯片	【Enter】键；空格键；【N】键；【→】键；【↓】键；【Page Down】键
切换到上一张幻灯片	【BackSpace】键；【P】键；【←】键；【↑】键；【Page Up】键
切换到目标幻灯片	输入目标幻灯片对应的数字编号后按【Enter】键
随时结束放映	【Esc】键

4. 设置放映方式

通过设置放映方式可以控制演示文稿放映的类型和内容、放映选项、控制换片方式、指定放映的显示器等。设置放映方式的方法：单击【幻灯片放映】/【设置】中的"设置幻灯片放映"按钮，打开"设置放映方式"对话框，在其中进行相应设置，如图6-43所示。该对话框中部分参数的作用如下所示。

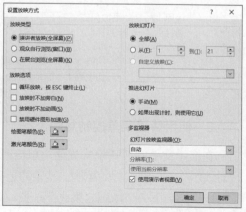

图6-43　"设置放映方式"对话框

● **"演讲者放映（全屏幕）"单选项**：单击选中该单选项后，在放映演示文稿的过程中演讲者将对演示文稿的放映具有完全控制权。此时，演讲者既可以采用手动或自动的方式切换幻灯片或动画效果，也可以对幻灯片中的内容做标记，甚至还可以在放映过程中录制旁白，因此，该放映方式又被称为手动放映方式。

● **"观众自行浏览（窗口）"单选项**：单击选中该单选项后，观众可以通过提供的菜单进行翻页、打印、浏览演示文稿的操作，但不能通过单击鼠标右键放映演示文稿。此时，只能自动放映或利用滚动条放映演示文稿，因此，该放映方式又被称为交互式放映方式。

● **"在展台浏览（全屏幕）"单选项**：单击选中该单选项后，除了保留鼠标指针用于选择屏幕对象进行放映外，演讲者不能对放映过程进行其他控制操作，要终止放映时只能按【Esc】键，因此，该放映方式又被称为自动放映方式。

● **"全部"单选项**：单击选中该单选项后，将放映演示文稿中的所有幻灯片。

● **"从……到"单选项**：单击选中该单选项后，可以在右侧的数值框中指定放映的起始幻灯片序号和结束幻灯片序号。

● **"自定义放映"单选项**：单击选中该单选项后，可在下方的下拉列表中，选择建立自定义放映方式，从而使系统按照该放映方式进行放映。

● **"循环放映，按ESC键终止"复选框**：单击选中该复选框后，将循环放映演示文稿，只有按【Esc】键才能停止放映。

● **"放映时不加旁白"复选框**：单击选中该复选框后，录制的旁白将在放映时被屏蔽。

● **"放映时不加动画"复选框**：单击选中该复选框后，动画效果将在放映时被屏蔽。

● **"禁用硬件图形加速"复选框**：单击选中该复选框后，将降低计算机分配在PowerPoint 2019放映演示文稿时的计算资源，但可能会对复杂的动画效果有一定影响。

● **"绘图笔颜色"按钮**：在该下拉列表中可设置绘图笔的颜色，用来在放映演示文稿时标识内容。

● **"激光笔颜色"按钮**：在该下拉列表中可设置激光笔的颜色，用来在放映演示文稿时引导观众。

● **"手动"单选项**：单击选中该单选项后，放映时将根据设置的切换效果和动画效果放映演示文稿。

● **"如果存在计时，则使用它"单选项**：单击选中该单选项后，将按照排练计时的时间自动放映演示文稿。

5. 自定义放映

自定义放映可以指定需要显示放映的内容。自定义放映的方法：单击【幻灯片放映】/【开始放映幻灯片】中的"自定义幻灯片放映"按钮，在弹出的下拉列表中选择"自定义放映"选项，打开"自定义放映"对话框。单击 新建(N)... 按钮，打开"定义自定义放映"对话框，在"幻灯片放映名称"文本框中可设置自定义放映的名称，在"在演示文稿中的幻灯片"列表框中单击选中需要放映幻灯片对应的复选框，然后单击 添加(A) 按钮将其添加到右侧的"在自定义放映中的幻灯片"列表框中。单击 确定 按钮后返回"自定义放映"对话框，最后单击 关闭(C) 按钮，如图6-44所示。

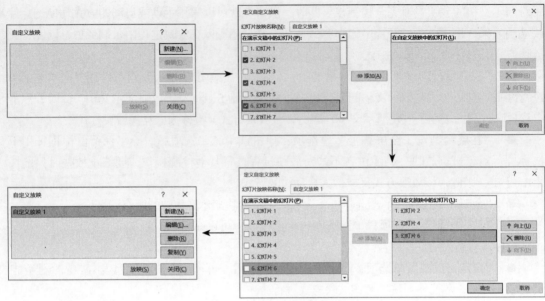

图6-44　自定义放映的过程

6. 排练计时

排练计时用于记录演示文稿中每张幻灯片放映时所使用的时间，可以在放映时根据排练的时间自动播放每张幻灯片。排练计时的方法：单击【幻灯片放映】/【设置】中的"排练计时"按钮📷，进入演示文稿的放映模式。此时，将自动打开"录制"窗格并记录排练时间，直到放映完所有演示文稿中的内容后，将自动弹出提示对话框并显示录制总时间，在其中单击 是(Y) 按钮可保存排练计时。

> 🔊 提示：无论是设置了自定义放映还是排练计时，要想应用这些设置，都需要在"设置放映方式"对话框中修改相应参数才能实现，具体方法前面已经介绍。

（二）演示文稿的输出

为了更好地分享演示文稿的内容，PowerPoint 2019提供了多种演示文稿的输出方式，可以将演示文稿以不同的形式给不同的使用者使用。

1. 打包演示文稿

打包演示文稿可以将演示文稿中链接的各种对象连同演示文稿本身一起打包到一个文件夹或压缩文件中。打包演示文稿的方法：选择【文件】/【导出】选项，打开"导出"界面，选择"将演示文稿打包成CD"选项并单击"打包成CD"按钮💿，打开"打包成CD"对话框，单击 复制到文件夹(F)... 按钮，打开"复制到文件夹"对话框，在其中设置打包后的文件夹名称和保存位置后，单击 确定 按钮。若演示文稿中存在链接对象，则将打开提示对话框，单击 是(Y) 按钮完成打包操作，如图6-45所示。

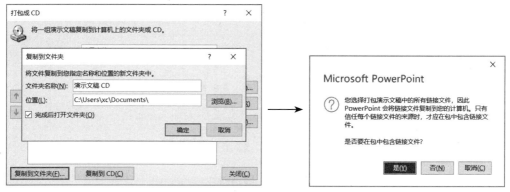

图6-45 打包演示文稿的过程

2. 输出为PDF

将演示文稿输出为PDF文件后，演示文稿中的每一张幻灯片都将分别转换为PDF文件中的页面内容，此时，动画效果、音频、视频等对象将同时丢失。此方法适合使用PDF阅读器查看演示文稿内容时使用。将演示文稿输出为PDF文件的方法：选择【文件】/【另存为】选项，打开"另存为"界面，选择"浏览"选项，打开"另存为"对话框，在"保存类型"下拉列表中选择"PDF（*.pdf）"选项，设置输出文件的名称和保存位置后，单击 保存(S) 按钮。

3. 输出为图片

将演示文稿输出为图片后，演示文稿中的每一张幻灯片都将分别转换为一张高清的图片。将演示文稿输出为图片的方法：选择【文件】/【另存为】选项，打开"另存为"界面，选择"浏览"选项，打开"另存为"对话框，在"保存类型"下拉列表中选择某种图片类型，如"JPEG文件交换格式（*.jpg）"，设置输出文件的名称和保存位置后，单击 保存(S) 按钮。此时，将打开提示对话框，单击 所有幻灯片(A) 按钮可导出所有幻灯片，单击 仅当前幻灯片(J) 按钮可导出当前选择的幻灯片，如图6-46所示。

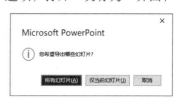

图6-46 选择导出的范围

4. 输出为视频

将演示文稿输出为视频，相当于将从头自动放映整个演示文稿的过程录制成视频文件，输出的文件将保留设置的所有动画效果，所有嵌入的音频、视频等各种多媒体对象。将演示文稿输出为视频的方法：选择【文件】/【另存为】选项，打开"另存为"界面，选择"浏览"选项，打开"另存为"对话框，在"保存类型"下拉列表中选择某种视频类型，如"MPEG-4视频（*.mp4）"选项，设置输出文件的名称和保存位置后，单击 保存(S) 按钮。

5. 打印演示文稿

选择【文件】/【打印】选项，进入"打印"界面，设置打印份数、连接的打印机，以及打印范围、打印色彩等参数后，单击"打印"按钮🖨，如图6-47所示。

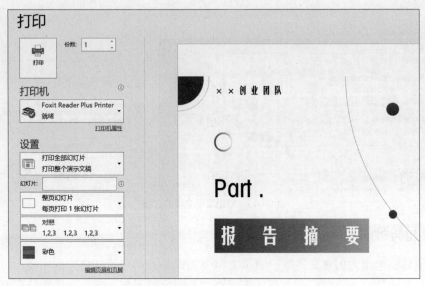

图6-47　打印演示文稿

三、任务实施

（一）借助Kimi添加备注内容

扫一扫

借助Kimi添加备注
内容

　　为了辅助演讲者更好地完成演讲任务，下面将借助Kimi根据幻灯片中的内容生成相应的备注解说内容，并将备注解说内容输入每一张幻灯片的备注区域，具体操作如下。

　　1 打开Kimi官方网站，将"市场调查（无备注）.pptx"素材文件拖曳至页面中，在页面下方的文本框中输入生成备注的相关需求。发送需求并查看Kimi回复的内容，如图6-48所示。

　　2 打开"市场调查.pptx"素材文件，向上拖曳第1张幻灯片编辑区水平滚动条下方的分隔线，显示出备注区域。然后适当整理Kimi回复的内容并将其输入备注区域，如图6-49所示。按相同方法为其他幻灯片添加备注解说内容（本书已经整理好所有备注，用户可直接打开"市场调查.pptx"素材文件进行使用）。

图6-48　上传素材文件并发送需求

图6-49　添加备注

（二）自定义放映内容

为了方便不同的观众，就需要控制不同的放映内容，因此下面将自定义放映的幻灯片，具体操作如下。

1 单击【幻灯片放映】/【开始放映幻灯片】中的"自定义幻灯片放映"按钮，在弹出的下拉列表中选择"自定义放映"选项，如图6-50所示。

2 打开"自定义放映"对话框，单击 新建(N)... 按钮，如图6-51所示。

图6-50 自定义放映

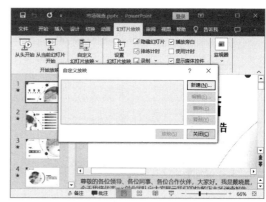

图6-51 新建自定义放映

3 打开"定义自定义放映"对话框，在"幻灯片放映名称"文本框中输入"主要内容"，在"在演示文稿中的幻灯片"列表框中单击选中除幻灯片3、5、8、12、16、19对应的复选框以外的其他复选框，然后单击 添加(A) 按钮，如图6-52所示。

4 将所选幻灯片添加到右侧的"在自定义放映中的幻灯片"列表框中后，单击 确定 按钮，如图6-53所示。

图6-52 选择幻灯片

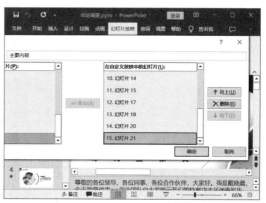

图6-53 添加幻灯片

5 返回"自定义放映"对话框，单击 关闭(C) 按钮完成自定义放映设置，如图6-54所示。

6 单击【幻灯片放映】/【设置】中的"设置幻灯片放映"按钮，打开"设置放映方式"对话框，单击选中"放映幻灯片"栏中的"自定义放映"单选项，并在其下方的下拉列表中选择"主要内容"选项，然后单击 确定 按钮，如图6-55所示。

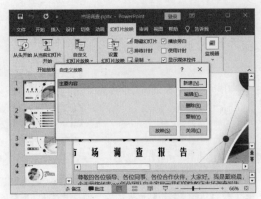

图6-54 完成自定义放映设置　　　　　　　　图6-55 设置放映方式

（三）放映并标记演示文稿

下面将放映视图转换为演示者视图，并在放映过程中标记重要内容，具体操作如下。

1 按【F5】键进入演示文稿的放映模式。此时，该演示文稿将从"主要内容"自定义放映方式中的第1张幻灯片开始放映，如图6-56所示。

2 单击鼠标左键依次放映下一个动画效果和下一张幻灯片，如图6-57所示。

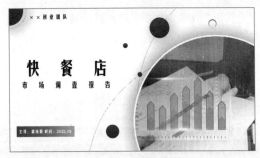

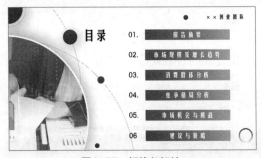

图6-56 放映幻灯片　　　　　　　　　　图6-57 切换幻灯片

3 单击鼠标右键，在弹出的快捷菜单中选择"显示演示者视图"选项，如图6-58所示。此时，演讲者可以一边放映演示文稿，一边查看备注内容。

4 若要切换到下一个动画效果或下一张幻灯片，可单击左侧的幻灯片区域，如图6-59所示。

图6-58 切换演示者视图　　　　　　　　图6-59 查看备注内容

5 当需要对幻灯片中的重要内容进行标记时，可在左侧的幻灯片区域中单击鼠标右键，在弹出的快捷菜单中选择"指针选项"选项，在弹出的子菜单中选择"笔"选项，如图6-60所示。

6 再次单击鼠标右键，在弹出的快捷菜单中选择"指针选项"选项，在子列表中选择"墨迹颜色"选项，在弹出的子菜单中选择"黄色"选项，如图6-61所示。

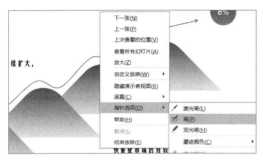

图6-60 选择墨迹画笔

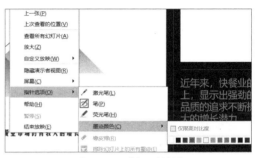

图6-61 选择画笔颜色

7 按住鼠标左键不放，拖曳鼠标便可在幻灯片中标记出黄色的墨迹，如图6-62所示。

8 按【→】键或单击界面下方的"前进到下一动画或幻灯片"按钮◐可切换内容。当需要标记重要内容时，则可通过拖曳鼠标进行标记，如图6-63所示。

图6-62 标记幻灯片

图6-63 标记重要内容

> 提示：将鼠标指针设置为墨迹画笔后，单击鼠标右键将进行标记操作，而无法执行切换动画效果或幻灯片的操作，因此只能采用其他方式切换幻灯片。

9 继续切换内容并标记重点信息，直到演示文稿放映完成。PowerPoint 2019将打开提示对话框，提示是否保留墨迹，这里单击 放弃(D) 按钮放弃保留，如图6-64所示，然后单击界面右上角的"关闭"按钮✖退出放映模式。

图6-64 放弃保留墨迹

（四）将演示文稿输出为视频

为了方便他人观看演示文稿中的内容和动画效果，下面将演示文稿输出为视频文件，具体操作如下。

1 选择【文件】/【另存为】选项，打开"另存为"界面，在其中选择"浏览"选项，如图6-65所示。

2 打开"另存为"对话框，在"保存类型"下拉列表中选择"MPEG-4视频（*.mp4）"选项后，单击 保存(S) 按钮，如图6-66所示。

待视频文件导出完成后，保存演示文稿，完成操作。

图6-65　选择"浏览"选项　　　　　　　　图6-66　另存为视频类型

项目实训

实训1　制作返家乡社会实践演示文稿

一、实训要求

个人总结类演示文稿通常用于个人工作、学习或项目进展的回顾和展示，通过自我评估、反思、规划等方式来促进个人素质的提高，是帮助个人职业发展和提升学术能力的重要工具。现需要制作一篇关于大学生返家乡社会实践活动总结的演示文稿，要求内容清晰易懂，动画效果生动形象，参考效果如图6-67所示。

图6-67　返家乡社会实践演示文稿部分参考效果

配套资源

素材文件：项目六\项目实训\活动总结.docx、返家乡社会实践.pptx。

效果文件：项目六\项目实训\返家乡社会实践.pptx。

二、实训思路

（1）将"活动总结.docx"素材文件上传到Kimi官方网站，要求Kimi根据文件内容生成演示文稿大纲。然后根据Kimi回复的结果对大纲内容进行适当调整。依据大纲内容新建和美化"返家乡社会实践.pptx"演示文稿（这里可直接利用整理好的"返家乡社会实践.pptx"演示文稿进行后续操作）。

扫一扫

制作返家乡社会实践
演示文稿

（2）打开"返家乡社会实践.pptx"演示文稿，在第2张幻灯片右上角插入"上一页""下一页"两个文本框，并插入对应的动作按钮，然后对文本框和动作按钮进行适当设置。

（3）复制动作按钮和文本框，粘贴到第3～9张幻灯片中，然后将第9张幻灯片中的"下一页"和对应的动作按钮删除。

（4）缩小第一张幻灯片的显示比例，选择左上方的音频图标，将其放映方式设置为"自动播放、跨幻灯片播放、循环播放"。

（5）结合动画刷工具将各张幻灯片中文本框对象的动画效果设置为"进入-浮入，持续时间-0.5秒"，将形状、图片等对象的动画效果设置为"进入-劈裂，持续时间-0.5秒"。

（6）利用动画窗格调整各张幻灯片中动画效果的放映顺序，以便在单击鼠标左键后，各个对象能自动且依次出现（首先是标题出现，其次是图形或图片对象，最后是文本框对象）。

实训2　制作人文旅游攻略演示文稿

一、实训要求

人文旅游攻略演示文稿是一种说明类演示文稿，能够帮助游客规划以"人文"为主题的旅行方案，向游客介绍当地的历史遗迹、文化艺术、民俗风情、美食文化等信息，让游客的旅行变得更有意义。现需要制作一篇关于西安人文旅游攻略的演示文稿，要求能够帮助演讲者更好地完成演示任务，参考效果如图6-68所示。

配套资源

素材文件：项目六\项目实训\人文旅游攻略.pptx。

效果文件：项目六\项目实训\人文旅游攻略.pptx。

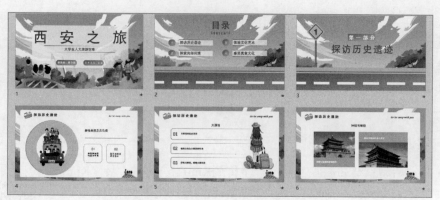

图6-68 人文旅游攻略演示文稿部分参考效果

二、实训思路

（1）利用讯飞智文生成关于西安人文旅游攻略的演示文稿，并在生成演示文稿前对大纲进行适当修改。

（2）将"人文旅游攻略.pptx"素材文件上传到Kimi官方网站，要求Kimi根据文件内容生成每张幻灯片对应的备注内容。然后根据Kimi回复的结果对备注内容进行适当修改和完善，最后为演示文稿中的部分幻灯片添加相应的备注内容（这里可直接利用整理好的"人文旅游攻略.pptx"演示文稿进行后续操作）。

（3）为目录页中的文本框对象添加相应的超链接。

（4）为所有幻灯片添加"推入"切换效果。

（5）从头开始放映演示文稿，并通过单击超链接和单击鼠标左键的方式控制放映过程。

（6）将放映模式切换为演示者视图模式，然后利用红色画笔标注重点内容。放映完所有内容后再放弃保存标记。

（7）添加"景点"自定义放映方式，去掉第2、3、7、10和12张幻灯片，然后设置幻灯片放映方式，使演示文稿按"景点"自定义放映方式来展示内容。

强化练习

练习1 制作大学生进社区活动演示文稿

借助Kimi根据"进社区活动心得体会.docx"素材文件制作大学生进社区活动演示文稿，然后丰富演示文稿内容，并添加生动形象的动画效果，参考效果如图6-69所示。

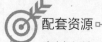

配套资源

素材文件：项目六\强化练习\进社区活动心得体会.docx、大学生进社区活动.pptx。

效果文件：项目六\强化练习\大学生进社区活动.pptx。

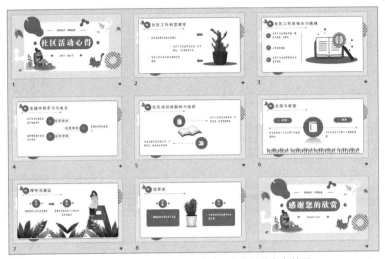

图6-69　大学生进社区活动演示文稿部分参考效果

练习2　制作校园安全教育演示文稿

借助Kimi编写幻灯片备注内容，然后为目录页创建超链接，并为幻灯片添加切换效果和动画效果，最后放映演示文稿。放映时，需要将放映模式转换为演示者视图模式，并控制放映过程，参考效果如图6-70所示。

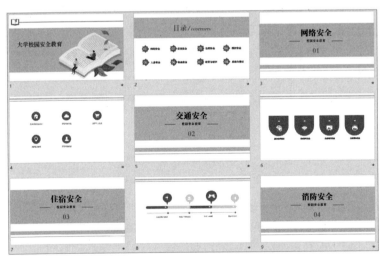

图6-70　校园安全教育演示文稿部分参考效果

配套资源

素材文件：项目六\强化练习\校园安全教育.pptx。

效果文件：项目六\强化练习\校园安全教育.pptx。

PART 7

项目七
综合案例——开展大学社团招新活动

项目导读

　　在现代办公环境中，为了更高效地完成各种任务，综合应用并灵活使用Office 2019的各大组件是必须掌握的技能。

　　例如，市场分析师在制作一份关于产品销售情况的季度报告时，可以使用Excel 2019进行数据处理和分析，然后将Excel 2019中的数据和图表导入到PowerPoint 2019，用于汇报展示，最后还可能使用Word 2019撰写季度报告的详细内容和总结。又如，项目经理在跟踪项目进度并制作项目进度报告时，可以使用Excel 2019创建项目进度图，使用Word 2019编写项目进度报告，最后使用PowerPoint 2019制作简洁明了的项目进度演示文稿，用于向上级或团队成员进行口头报告等。

　　综合应用各种办公组件的情形比比皆是，本项目将综合应用这3大Office 2019组件来完成大学社团招新活动文件的制作，同时还将使用AIGC工具扩写活动方案、生成演示文稿大纲和整理表格数据等。

学习目标

- 巩固Word 2019的编辑与美化操作。
- 巩固AIGC工具辅助办公的基本操作。
- 掌握在PowerPoint 2019中导入Word 2019大纲的方法。
- 巩固幻灯片的编辑、动画设置和放映操作。
- 巩固Excel 2019的数据编辑、计算与可视化操作。
- 掌握使用AIGC工具分析表格数据的操作。

素养目标

- 培养强烈的责任感和敬业精神，对待每一项任务都能认真负责。
- 提升自身的综合应用能力，能够在不同情境下灵活运用所学知识解决实际问题。
- 培养在学习和工作中不断追求创新和卓越的精神。

任务一　制作招新方案

一、任务目标

大学社团招新方案对于社团发展和提升新生参与度来说具有重要作用。该方案通过明确招新目标、规划招新活动、提升社团形象、优化资源配置、培养新生兴趣、促进社团发展和传承社团文化等方面来吸引更多新生的加入，并推动社团不断发展壮大。

本任务的目标是制作一篇××大学摄影社团的招新方案，参考效果如图7-1所示。本任务将重点讲解使用AIGC工具进行扩写，以及对文档进行编辑、美化等操作。

<table>
<tr><td>

××大学摄影社团招新方案

一、活动背景

　　在这个充满创意和激情的时代，摄影已经成为一种流行的艺术形式。为了吸收更多对摄影充满热情的同学，××大学摄影社团决定开展一场别开生面的招新活动，在此诚挚地邀请各位大一新生加入！

二、活动宗旨

　　摄影，不仅是一门技术，更是一种对生活的热爱和追求。××大学摄影社团旨在培养各位新生对摄影的热爱和兴趣，传承摄影艺术，同时强调团队合作、创新思维和社会责任感。我们希望通过此次招新活动，让更多热爱摄影、有志于探索摄影艺术的新生加入我们这个大家庭，共同为摄影社团的发展贡献自己的力量。

三、活动目标

- 招募50名左右热爱摄影的新社员。
- 提升摄影社团在新生中的知名度和影响力。
- 通过招新活动，让新生更加了解摄影社团的文化和特色。

四、招新策略

1. 宣传攻势

</td><td>

2. 创意展示

- 举办"摄影作品展"，展示社团成员的摄影佳作，让新生领略摄影艺术的魅力。
- 安排"摄影技巧分享会"，邀请学长学姐分享摄影经验和摄影心得，激发新生的摄影兴趣。
- 举办"摄影大赛"，邀请新生们提交自己的摄影作品，评选出优秀作品并给予奖励，同时让新生们了解摄影社团的评审标准和评审风格。

3. 独特福利

- 为新社员提供摄影器材及使用指导服务，帮助他们更好地掌握摄影技巧。
- 推出社员专享活动，如免费参加摄影讲座、外拍活动等，让新社员更快地融入社团大家庭。
- 设立优秀社员奖励机制，鼓励新社员积极参与社团活动，展示自己的摄影才华。

五、活动流程

1. 前期准备

- 确定招新主题和宣传策略。

</td></tr>
</table>

图7-1　招新方案部分参考效果

配套资源

　　素材文件：项目七\任务一\招新方案.txt、活动宗旨.txt、招新方案.docx。

　　效果文件：项目七\任务一\招新方案.docx。

二、任务实施

（一）使用讯飞星火扩写方案

为了更好地落实社团招新任务，某大学摄影社团制订了大致的招新方案。下面将借助AIGC工具根据制订的招新方案扩写内容，以便获取更详细的方案撰写灵感，具体操作如下。

1 登录讯飞星火官方网站，在页面下方的文本框中单击"文档"按钮，打开"打开"对话框，选择"招新方案.txt"素材文件后，单击 打开(O) 按钮，然后在文本框中输入扩写需求，并按【Enter】键发送需求，如图7-2所示。

扫一扫

使用讯飞星火扩写方案

项目七　综合案例——开展大学社团招新活动

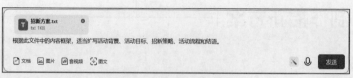

图7-2　上传文件并发送需求

2 讯飞星火将根据文件内容和需求返回结果，如果返回的结果不满足需求，则可以进一步通过文本框发送需求，对生成内容加以修正，这里直接单击"复制内容"按钮 □ ，如图7-3所示。

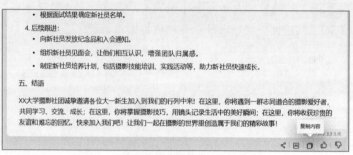

图7-3　复制文本

3 启动Word 2019，新建空白文档，按【Ctrl+V】组合键粘贴复制的文本内容，然后对文本内容和格式进行适当调整和修改。这里已经提供了"招新方案.docx"素材文件，用户可直接打开使用，如图7-4所示。

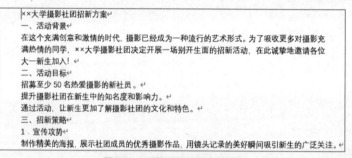

图7-4　调整和修改招新方案

（二）编辑方案内容

扫一扫

编辑方案内容

将方案交给相关负责人审阅后，发现其中缺少"活动宗旨"这个重要项目，因此，还需要继续编辑文档，包括添加"活动宗旨"项目和修正后续编号等步骤，具体操作如下。

1 打开"招新方案.docx"素材文件，将鼠标指针移至"二、活动目标"段落左侧的空白区域。当鼠标指针变为 ◢ 形状时，单击鼠标左键以选择整个段落，然后按【Ctrl+C】组合键复制段落；并将鼠标指针移至"二、活动目标"段落的左侧相邻位置，当鼠标指针变为I形状时，单击鼠标右键以定位文本插入点，如图7-5所示。

2 按【Ctrl+V】组合键粘贴段落，拖曳鼠标选择粘贴后的"目标"文本，将其修改为"宗旨"，然后在该段落右侧定位文本插入点，按【Enter】键换行，如图7-6所示。

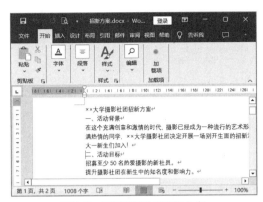

图7-5　复制段落并定位插入点

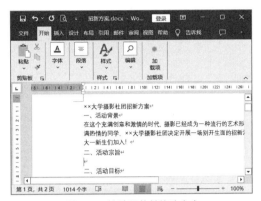

图7-6　粘贴段落并修改文本

3 输入具体的活动宗旨内容（可直接复制提供的"活动宗旨.txt"素材文件中的内容），如图7-7所示。

4 将下方段落中的"二"修改为"三"，并依次调整其他段落的编号，如图7-8所示。

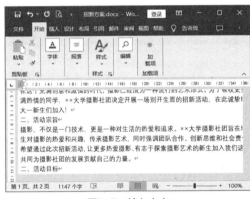

图7-7　输入文本

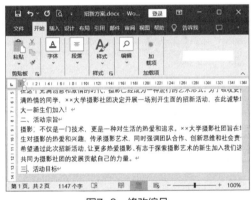

图7-8　修改编号

提示：编辑文档时，若发现某处内容有误，一定要习惯性地进行关联思考，文档中是否可能出现相同或相似问题的其他内容，如有，立即进行修改，避免遗漏问题。

（三）美化并打印方案

下面将对文档内容进行适当美化，包括设置字体格式、设置段落格式、设置编号和项目符号等。然后将招新方案打印出来，分发给相关负责人使用，具体操作如下。

1 选择标题文本，将其字体格式设置为"方正大标宋简体，三号"，段落格式设置为"居中，大纲级别-1级"，如图7-9所示。

2 拖曳鼠标选择除标题文本以外的其他所有文本，将其字体格式设置为"宋体，Times New Roman，小四"，行距设置为"2倍行距"，如图7-10所示。

扫一扫

美化并打印方案

图7-9　设置标题文本

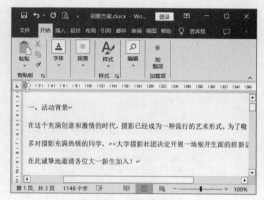

图7-10　设置其他文本

3 选择"一、活动背景"段落，将其加粗显示，再设置其大纲级别为"2级"，如图7-11所示。

4 利用格式刷工具为其他编号为"二、""三、"……的段落应用相同的格式，如图7-12所示。

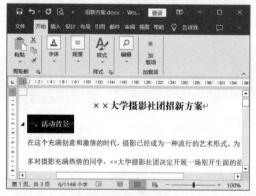

图7-11　设置2级标题

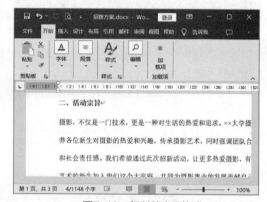

图7-12　复制并应用格式

5 选择最后两段段落，按【Ctrl+R】组合键将其设置为"右对齐"，如图7-13所示。

6 将除了标题、2级标题和落款段落以外其他所有段落的缩进格式设置为"首行缩进2字符"，如图7-14所示。

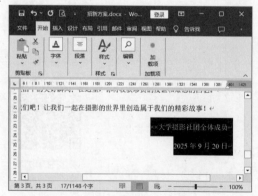

图7-13　设置最后两段段落的对齐方式

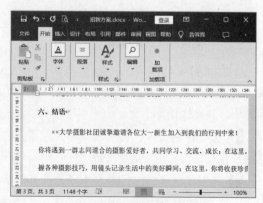

图7-14　设置其他段落的缩进格式

7 将编号为"1." "2." "3."……的段落大纲级别设置为"3级",然后单击选中【视图】/【显示】中的"导航窗格"复选框,在打开的"导航"窗格中查看设置的不同大纲级别对应的内容,如图7-15所示。

8 为"三、活动目标" "四、招新策略"和"五、招新流程"下的段落添加样式为"■"的项目符号,如图7-16所示。

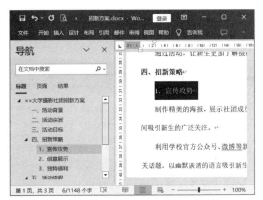

图7-15 设置大纲级别

图7-16 添加项目符号

9 保存文档,然后选择【文件】/【打印】选项,打开"打印"界面,预览打印效果并确认无误后,将份数设置为"10",再单击"打印"按钮 开始打印,如图7-17所示。

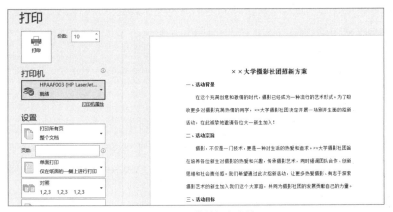

图7-17 预览并打印文档

任务二   制作招新计划演示文稿

一、任务目标

与Word文档相比,演示文稿独有的生动性有利于向观众传递信息。本任务的目标是以前面制作的招新方案文档为基础,制订出招新计划演示文稿的大纲内容并制作演示文稿,然后对演示文稿中的幻灯片进行设置,最后放映演示文稿,参考效果如图7-18所示。本任务将重点讲解使用AIGC工具的缩写和归纳文字、在PowerPoint 2019中导入Word 2019大纲内容、设置幻灯片等操作。

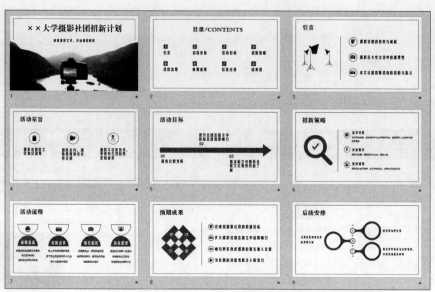

图7-18　招新计划演示文稿部分参考效果

配套资源

素材文件：项目七\任务二\招新计划大纲.docx、"图片"文件夹、社团.mp4。

效果文件：项目七\任务二\招新计划大纲.docx、招新计划.pptx。

二、任务实施

（一）使用讯飞星火生成大纲内容

扫一扫

使用讯飞星火生成
大纲内容

　　下面将在讯飞星火中上传前面制作好的招新方案文档，生成大纲，然后在Word 2019中对生成的大纲进行适当调整，重点是设置大纲级别，为后面将Word 2019大纲导入PowerPoint 2019中做好准备，具体操作如下。

　　1 登录讯飞星火官方网站，在页面下方的文本框中单击"文档"按钮，打开"打开"对话框，选择制作好的"招新方案.docx"文件，单击 打开(O) 按钮。然后在文本框中输入需求并按【Enter】键发送缩写和归纳的需求，如图7-19所示。

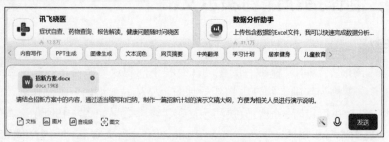

图7-19　上传文件并发送需求

2 查看讯飞星火回复的内容，拖曳鼠标选择需要的部分，并在其上单击鼠标右键，在弹出的快捷菜单中选择"复制"选项，如图7-20所示。

图7-20 复制文本

3 新建Word 2019文档，按【Ctrl+V】组合键粘贴复制的文本内容，然后对文本进行适当修改和编辑，使大纲更加完善，如图7-21所示（本书提供了"招新计划大纲.docx"素材文件，其中的内容已经经过加工，用户可将其打开并直接使用）。

4 打开"招新计划大纲.docx"素材文件，单击【视图】/【视图】中的"大纲"按钮，进入大纲视图模式，按【Ctrl+A】组合键全选内容后，在【大纲显示】/【大纲工具】中的"大纲级别"下拉列表框中选择"1级"选项，如图7-22所示。

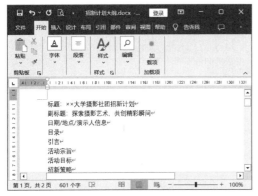

图7-21 完善大纲内容

图7-22 选择"1级"级别

> 提示：Word 2019中大纲级别为1级的段落对应PowerPoint 2019中的标题占位符，2级大纲段落对应正文占位符中的1级正文，3级大纲段落对应正文占位符中的2级正文，以此类推。

5 选择"标题：××大学摄影社团招新计划"段落下的两段段落，单击【大纲显示】/【大纲工具】中的"降级"按钮，将所选段落的大纲级别降为"2级"，如图7-23所示。

6 按相同方法根据大纲降低相应段落的大纲级别，其中"招新策略"和"活动流程"内容下的相关段落需要根据情况降为2级和3级大纲级别，完成后单击【大纲显示】/【关闭】中的"关闭大纲视图"按钮退出大纲视图模式，如图7-24所示。

图7-23 降低大纲级别（1）

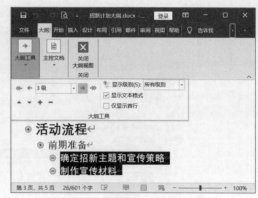

图7-24 降低大纲级别（2）

（二）制作各张幻灯片

下面将利用PowerPoint 2019中的"新建幻灯片（从大纲）"功能快速导入"招新计划大纲.docx"文档中的内容，并生成多张幻灯片，然后对各张幻灯片中的内容进行适当编辑，具体操作如下。

1 在计算机中某个文件夹的空白区域单击鼠标右键，在弹出的快捷菜单中选择"新建"选项，在弹出的子菜单中选择"Microsoft PowerPoint演示文稿"选项，新建一个空白演示文稿，并将其名称设置为"招新计划"，如图7-25所示。

2 打开新建的演示文稿，单击【开始】/【幻灯片】中"新建幻灯片"按钮▤下方的下拉按钮▾，在弹出的下拉列表中选择"幻灯片（从大纲）"选项，打开".插入大纲"对话框，在其中选择需要插入的大纲文件，这里选择"招新计划大纲"，然后单击"插入"按钮，如图7-26所示。

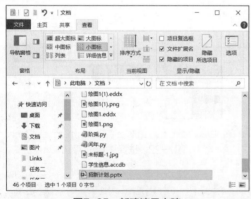

图7-25 新建演示文稿

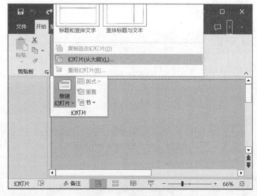

图7-26 新建幻灯片

3 单击【开始】/【编辑】中"替换"按钮 ᵃᵇ/ₐ꜀ 右侧的下拉按钮▾，在弹出的下拉列表中选择"替换字体"选项，打开"替换字体"对话框，分别将"等线"字体替换为"方正大标宋简体"字体，将"等线Light"字体替换为"方正美黑简体"字体，然后依次单击 替换(R) 按钮和 关闭(C) 按钮，如图7-27所示。

4 修改第1张幻灯片中标题占位符和正文占位符中的文本内容（删除多余的文本内容），再取消两个占位符中字体的加粗状态，然后将该张幻灯片的版式改为"标题幻灯片"，如图7-28所示。

图7-27　替换字体

图7-28　编辑第1张幻灯片

5 在当前幻灯片中插入"背景.jpg"素材图片，适当向下移动图片，使幻灯片上方留有足够的空白，然后将排列设置为"置于底层"，如图7-29所示。

6 绘制一个矩形，将其填充色设置为"无填充"，轮廓色设置为"#6F6660"，粗细设置为"1磅"，调整好大小和位置后，将其排列设置为"置于底层"，如图7-30所示。

| 图7-29　插入图片 | 图7-30　绘制形状 |

提示："#6F6660"为十六进制的颜色编码，在设置形状填充色或轮廓色时，单击"形状填充"按钮右侧的下拉按钮或"形状轮廓"按钮右侧的下拉按钮，在弹出的下拉列表中选择"其他填充颜色"选项或"其他轮廓颜色"选项，均可打开"颜色"对话框，单击"自定义"选项卡，在"十六进制"文本框中输入该颜色编码，即可应用对应颜色。

7 调整占位符的大小和位置，完成第1张幻灯片的制作，如图7-31所示。

8 选择第2张幻灯片，取消占位符中文本的加粗状态。然后在标题占位符中添加文本内容，取消正文占位符中的项目符号，并利用【Tab】键和【Enter】键调整文本位置，如图7-32所示。

图7-31　调整占位符

图7-32　编辑第2张幻灯片

⑨ 绘制一个正方形，将其轮廓色设置为"无轮廓"，填充色设置为"#6F6660"。然后在形状上添加文本"1"，并将字体格式设置为"Arial，24，白色，背景1"，最后复制形状并依次修改编号，如图7-33所示。

⑩ 将第1张幻灯片中的矩形复制粘贴到第2张幻灯片中，然后适当调整各对象的大小和位置，完成第2张幻灯片的制作，如图7-34所示。

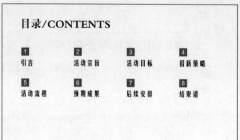

图7-33 添加编号对象

图7-34 添加形状并移动矩形

⑪ 选择第3张幻灯片，取消占位符中文本的加粗状态和正文占位符中的项目符号。然后利用【Enter】键调整正文占位符中各段落之间的距离，并将其移至幻灯片右侧，最后复制粘贴第2张幻灯片中的矩形到该张幻灯片中，如图7-35所示。

⑫ 绘制一个圆形，将其填充色设置为"无填充"，轮廓色设置为"#6F6660"，粗细设置为"2.25磅"。然后复制两个圆形并调整其位置，接着绘制一条直线，将其轮廓色设置为"#6F6660"，粗细设置为"0.5磅"，如图7-36所示。

图7-35 编辑第3张幻灯片

图7-36 添加圆形和直线

⑬ 插入"器材1.jpg"素材图片，将其放在直线左侧；插入"摄影1.png""摄影2.png""摄影3.png"素材图片，调整大小后将其分别放在3个圆形形状的中央，完成第3张幻灯片的制作，如图7-37所示。

⑭ 选择第4张幻灯片，取消占位符中文本的加粗状态和正文占位符中的项目符号。然后复制两个正文占位符，调整3个占位符的内容、位置和大小后，复制粘贴第3张幻灯片中的矩形至该张幻灯片中，如图7-38所示。

⑮ 复制第3张幻灯片中的圆形，调整其大小后继续复制两个，调整圆形的位置后，插入"摄影4.png""摄影5.png""摄影6.png"素材图片。调整素材图片的大小和位置后，完成第4张幻灯片的制作，如图7-39所示。

⑯ 按相同思路制作第5～10张幻灯片，此时，可以充分结合形状和提供的各种素材图片来布局版式，从而让幻灯片内容更加清晰、美观，如图7-40所示。

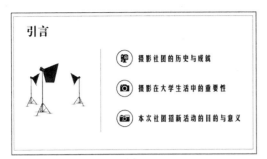

图7-37　插入并调整素材图片

图7-38　编辑第4张幻灯片

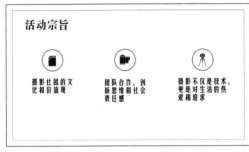

图7-39　复制圆形并插入素材图片

图7-40　制作其他幻灯片

17 选择并复制第1张幻灯片，将其粘贴到演示文稿的最后位置，然后修改标题和副标题占位符中的内容，如图7-41所示。

图7-41　复制幻灯片并修改内容

（三）生成视频内容

下面将使用可灵AI生成合适的视频内容，并将其添加到幻灯片中，具体操作如下。

扫一扫

1 登录可灵AI官方网站，在首页选择"AI视频"选项，在打开的页面中输入视频的生成需求，单击 立即生成 按钮，如图7-42所示。

2 可灵AI将根据需求生成视频，将鼠标指针移至视频上，单击右下角的"更多"按钮 ，在弹出的下拉列表中选择"下载"选项，如图7-43所示。

生成视频内容

3 在打开的对话框中文件名设置为"社团.mp4"，将视频保存到桌面，单击 下载 按钮，如图7-44所示。

4 返回"招新计划.pptx"演示文稿，复制第9张幻灯片并增加到其下方。修改第10张幻灯片的标题内容，删除文本框和图片，如图7-45所示。

图7-42　输入需求

图7-43　下载视频

图7-44　设置下载名称和位置

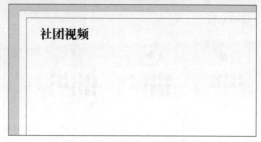

图7-45　复制并修改幻灯片

5 在第10张幻灯片中插入"社团.mp4"视频素材，调整其位置和大小，如图7-46所示。

图7-46　插入视频

（四）添加动画效果

扫一扫

添加动画效果

下面将为幻灯片添加切换效果，并为幻灯片中的各个对象添加动画效果。为了保证统一，可借助动画刷工具为幻灯片中同类型的对象应用相应的动画效果，具体操作如下。

1 在【切换】/【切换到此幻灯片】中的"切换效果"下拉列表中选择"华丽"栏中的"棋盘"选项，然后单击该组中的"效果选项"按钮，在弹出的下拉列表中选择"自顶部"选项，最后单击【切换】/【计时】中的"应用到全部"按钮，为所有幻灯片应用相同的切换效果，如图7-47所示。

2 选择第1张幻灯片中的背景图，在【动画】/【动画】中的"动画样式"下拉列表中选择"进入"栏中的"飞入"选项，然后单击该组中的"效果选项"按钮，在弹出的下拉列表中选择"自底部"选项，最后在【动画】/【计时】中的"开始"下拉列表中选择"上一动画之后"选项，在"持续时间"数值框中输入"01.00"，如图7-48所示。

图7-47 设置切换动画效果

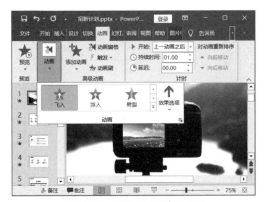

图7-48 设置背景图动画效果

3 单击【动画】/【高级动画】中的"动画刷"按钮 ⭐，当鼠标指针变成 ⬚▲ 形状时，选择第12张幻灯片，单击其背景图，为其应用相同的动画效果，如图7-49所示。

4 选择第1张幻灯片中的矩形，在【动画】/【动画】中的"动画样式"下拉列表中选择"进入"栏中的"擦除"选项。然后单击该组中的"效果选项"按钮 ↓，在弹出的下拉列表中选择"自顶部"选项，最后在【动画】/【计时】中的"开始"下拉列表中选择"上一动画之后"选项，在"持续时间"数值框中输入"01.00"，如图7-50所示。

图7-49 复制背景图动画效果

图7-50 设置矩形动画效果

5 双击【动画】/【高级动画】中的"动画刷"按钮 ⭐，为其他11张幻灯片中的矩形应用相同的动画效果，完成后按【Esc】键退出动画刷应用模式，如图7-51所示。

6 选择第1张幻灯片中的标题占位符，为其设置"浮入，下浮，上一动画之后，持续时间为01.00"的动画效果。然后选择副标题占位符，为其设置"浮入，上浮，与上一动画同时，持续时间为01.00"的动画效果，如图7-52所示。

7 选择标题占位符，双击【动画】/【高级动画】中的"动画刷"按钮 ⭐，为其他11张幻灯片中的标题占位符应用相同的动画效果，完成后按【Esc】键退出动画刷应用模式。重新选择第1张幻灯片中的副标题占位符，再次单击"动画刷"按钮 ⭐，选择第12张幻灯片，单击副标题占位符，为其应用相同的动画效果，如图7-53所示。

8 选择第2张幻灯片，同时选择8个小正方形，为其设置"劈裂，与上一动画同时"的动画效果，如图7-54所示。

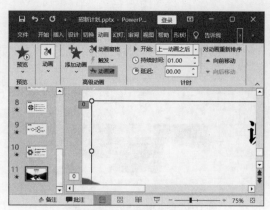

图7-51　复制矩形动画效果

图7-52　设置标题和副标题动画效果

图7-53　复制标题和副标题动画效果

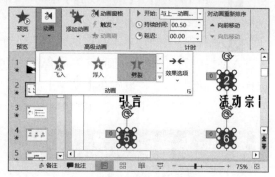

图7-54　设置形状动画效果

9 选择任意一个小正方形，双击【动画】/【高级动画】中的"动画刷"按钮★，为第3～11张幻灯片中的图片和各种形状应用相同的动画效果，完成后按【Esc】键退出动画刷应用模式，如图7-55所示。

10 选择第2张幻灯片中的正文占位符，为其设置"浮入，上浮"的动画效果，如图7-56所示。

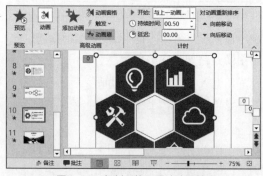

图7-55　复制形状和图片动画效果

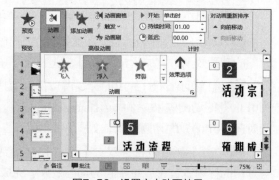

图7-56　设置文本动画效果

11 选择正文占位符，双击【动画】/【高级动画】中的"动画刷"按钮★，为第3～11张幻灯片中的文本应用相同的动画效果，完成后按【Esc】键退出动画刷应用模式，如图7-57所示。

图7-57 复制文本动画

（五）放映演示文稿

下面将放映设置好的演示文稿，从而查看其内容的正确性和动画效果的合理性，具体操作如下。

1 按【F5】键进入演示文稿的放映模式，此时，将自动显示第1张幻灯片的切换效果，以及该张幻灯片中背景图、矩形、标题和副标题的动画效果，如图7-58所示。

2 单击鼠标左键切换到下一张幻灯片，此时，将自动显示矩形、标题和形状等对象，如图7-59所示。

图7-58 进入放映视图

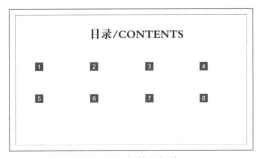

图7-59 切换幻灯片

3 单击鼠标左键显示第1行文本内容，再次单击鼠标左键显示第2行文本内容，如图7-60所示。

4 通过单击鼠标左键的方式逐页查看演示文稿的内容和动画效果，直到放映完所有内容后，单击鼠标左键显示黑屏，如图7-61所示。再次单击鼠标左键结束放映，最后保存演示文稿。

图7-60 手动显示文本

图7-61 放映结束

任务三 制作招新数据表

一、任务目标

招新活动结束后，为了分析招新效果，可以使用Excel 2019收集相关数据并对收集到的进行处理和分析。通过分析，一方面可以发现本次招新活动存在的问题，另一方面也可以积累更多经验。本任务的目标是整理招新结果，以表格形式统计招新情况，并使用可视化功能对招新结果进行分析，其参考效果如图7-62所示。本任务将重点讲解使用AIGC工具整理表格数据、美化表格数据和可视化表格数据等操作。

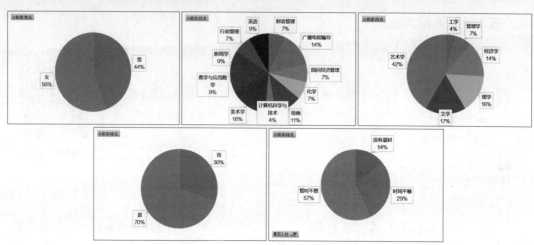

图7-62　招新数据表参考效果

◎ 配套资源

素材文件：项目七\任务三\原始数据.txt。

效果文件：项目七\任务三\招新数据表.xlsx。

二、任务实施

（一）使用讯飞星火整理数据

扫一扫

使用讯飞星火整理数据

招新结果的原始数据较为混乱，下面将借助讯飞星火对数据进行适当整理，然后将整理好的数据粘贴到空白工作表中，具体操作如下。

1 登录讯飞星火官方网站，在页面下方的文本框中单击"文档"按钮 ⎗，打开"打开"对话框，选择"原始数据.txt"素材文件后，单击 打开(O) 按钮，然后在文本框中输入需求并按【Enter】键发送需求，如图7-63所示。

2 根据返回的结果要求讯飞星火对部分数据进行分列显示，然后发送需求并得到正确的结果，如图7-64所示。

3 由于数据记录较多，讯飞星火无法全部显示，此时，可以让讯飞星火分批显示详细表格数据，如图7-65所示。

图7-63　上传文件并发送需求　　　　　图7-64　修正结果

4 新建并保存"招新数据.xlsx"工作簿，然后将所有分批显示的数据复制到工作表中，如图7-66所示。

图7-65　分批显示数据　　　　　图7-66　复制数据

（二）美化表格数据

下面将对粘贴到工作表中的数据进行适当美化，以提升表格的美观性和可读性，具体操作如下。

扫一扫

美化表格数据

1 选择A1:G71单元格区域，单击【开始】/【编辑】中的"清除"按钮，在弹出的下拉列表中选择"清除格式"选项，清除当前数据的所有格式，如图7-67所示。

2 将所选单元格区域的字体格式设置为"方正宋三简体，11"，对齐方式设置为"垂直居中，水平居中"，然后加粗显示A1:G1单元格区域中的数据，如图7-68所示。

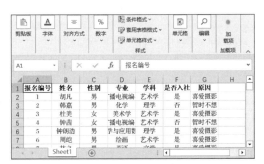

图7-67　清除单元格格式　　　　　图7-68　设置字体格式

3 通过拖曳分隔线的方式适当调整各行与各列的行高与列宽，然后为A1:G71单元格区域添加边框，如图7-69所示。

图7-69　添加边框

（三）可视化表格数据

下面将通过数据透视图从多个维度分析社团招新的结果，具体操作如下。

1 将表格中的所有数据设置为数据源，直接使用【插入】/【图表】中的"数据透视图"按钮在新工作表中创建数据透视图，然后将"性别"字段拖曳到"轴（类别）"列表框中，将"姓名"字段拖曳到"值"列表框中，如图7-70所示。

2 使用【设计】/【类型】中的"更改图表类型"按钮将数据透视图的类型更改为饼图。然后删除图表标题和图例，添加数据标签，并将其字体格式设置为"方正兰亭细黑简体，10"，如图7-71所示。由图可知，在本次社团招新活动中，报名的女生更多，占比为56%；男生相对较少，占比只有44%。

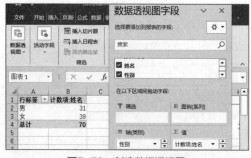

图7-70　创建数据透视图

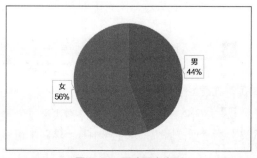

图7-71　更改图表类型

3 在"数据透视图"任务窗格中将"轴（类别）"列表框中的"性别"字段替换为"专业"字段，得到图7-72所示的饼图。由图可知，在本次社团招新活动中，报名的新生所属专业种类多，共有11个专业的新生参与进来。其中美术学专业的新生报名人数占比最高，为16%；其次是广播电视编导专业和绘画专业，报名人数占比分别为14%和11%；其余专业的报名人数占比均未超过10%。其中计算机科学与技术专业的报名人数占比则最少，只有4%。

4 在"数据透视图"任务窗格中将"轴（类别）"列表框中的"专业"字段替换为"学科"字段，得到图7-73所示的饼图。由图可知，艺术学是本次招新活动中报名人数最多的学科，其报名人数占比为42%；其次是文学、理学和经济学，这三类学科的报名人数占比分别为17%、16%和14%；而管理学和工学学科的报名人数占比则相对较低，分别为7%和4%。

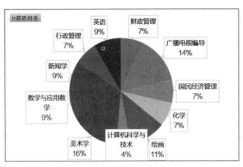

图7-72 分析专业比例

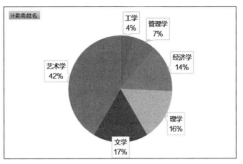

图7-73 分析学科比例

5 在"数据透视图"任务窗格中将"轴（类别）"列表框中的"学科"字段替换为"是否入社"字段，得到图7-74所示的饼图。由图可知，在所有参与报名的新生人数当中，有70%的新生表示愿意入社，因此，本次招新活动的效果还是不错的。

6 在"数据透视图"任务窗格中将"轴（类别）"列表框中的"是否入社"字段拖曳至"图例（系列）"列表框中，将"原因"字段添加到"轴（类别）"列表框中，然后单击B1单元格右侧的下拉按钮▼，在弹出的下拉列表中仅单击选中"否"复选框，得到图7-75所示的饼图。由图可知，在所有报名但没有入社的新生当中，有57%的新生给出的原因是暂时不想入社，有29%的新生认为自己的时间不够，还有14%的新生认为自己没有器材。社团可以仔细分析这些没有入社的原因，优化社团的日常活动，以便吸引更多新生。

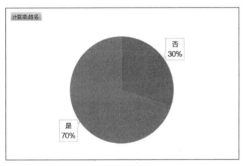

图7-74 分析入社比例

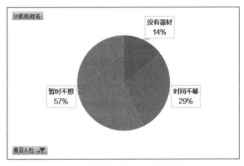

图7-75 分析报名但不入社的原因

项目实训——制作文创活动演示文稿

一、实训要求

学校即将开展一场文创活动比赛，为了让相关人员能更全面和系统地了解此次活动的具体情况，现需要制作一篇关于文创活动的演示文稿，并通过演示说明让相关人员熟悉此次活动，参考效果如图7-76所示。

配套资源

素材文件：项目七\项目实训\文创活动构思.txt、"图片"文件夹。

效果文件：项目七\项目实训\文创活动.docx、文创活动大纲.docx、文创活动.pptx。

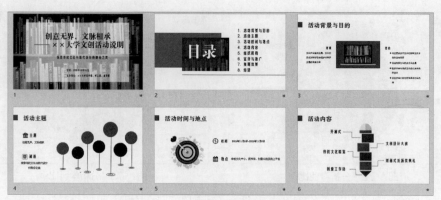

图7-76　文创活动演示文稿部分参考效果

二、实训思路

扫一扫

制作文创活动演示
文稿

（1）使用讯飞星火扩写"文创活动构思.txt"素材文件。

（2）在Word 2019中编辑并美化"文创活动.docx"文件。

（3）使用讯飞星火根据"文创活动.docx"文件缩写归纳出大纲内容，然后在Word 2019中编辑并设置大纲级别，最后将文件保存为"文创活动大纲.docx"。

（4）新建空白演示文稿，导入"文创活动大纲.docx"文件中的大纲内容，并以此生成演示文稿。

（5）编辑演示文稿中的各张幻灯片内容。

（6）为幻灯片添加切换效果，为幻灯片中的各个对象添加动画效果。

（7）放映演示文稿以检查演示文稿内容和动画效果，确认无误后将其保存为"文创活动.pptx"演示文稿。

强化练习——制作产品推广分析报告

在Excel 2019中计算产品推广的相关数据，将其保存为文本文件后，利用讯飞星火分析数据并创建分析报告。然后在Excel 2019中创建图表，将图表复制到报告中后，再对报告内容进行适当编辑与美化，参考效果如图7-77所示。

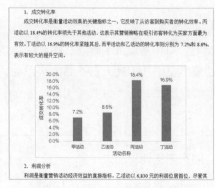

📌 配套资源

素材文件：项目七\强化练习\推广数据.xlsx。

效果文件：项目七\项目实训\推广数据.xlsx、推广数据.txt、产品推广分析报告.docx。

图7-77　产品推广分析报告参考效果